地球温暖化説はＳＦ小説だった——その驚くべき実態

広瀬隆

地球温暖化説はＳＦ小説だった——その驚くべき実態　目次

この書を、今は亡き二人の物理学者
藤田祐幸《ゆうこう》氏と室《むろ》田《た》武《たけし》氏に捧げる。

まえがき

多くの人たちが、こう言っている。「二酸化炭素（CO^2）による温暖化が進んだ結果、人類を破滅させる気候危機が到来した」と。そしてテレビと新聞がその温暖化危機説を大声で唱えている。

日々テレビと新聞のニュースに接する普通の人びとは、彼らの言葉が本当だと信じて、地球の事態は深刻そうだと思い始めている。

しかし！　この温暖化説を唱える国連のＩＰＣＣ集団が、地球の気温データを捏造《ねつぞう》していることを、あなたは知っていますか？　彼らが科学を知らない無知をきわめる人間であり、彼らのすべての解説が、科学的に大嘘であることを、知らないでしょう。実は、この社会現象の原因は、２０１１年に凄惨な福島原発事故を招いてどん底に落下した危険な原子力産業が、再び復活を目指し、国連とＥＵ（ヨーロッパ連合）を呑みこんで、国際的で、かつ組織的な活動をスタートし始めたことにある。

ＩＰＣＣが勝手に〝専門家と自称する〟人間を雇って、気温データを捏造するほど悪事をおこない、人類が築いてきた神聖な科学を冒瀆しているという数々の事実を知れば、本書の読者は、「なぁーんだ。そうだったのか」と、この社会現象がＳＦ小説のフィクションにすぎなかったと、簡単に気づいて、彼らの言葉を信じなくなるはずである。

そして人類がとるべき災害防止の方法は「二酸化炭素対策」ではなく、違う方法に頭を使わなければならないことを知って、新しい行動をとるはずである。テレビと新聞の報道界が道を間違えると、世の中がどれほど危険であるかを、急いで認識していただくための緊急出版の書が、このブックレットである。

そのことを断言して、この真実の物語の扉を開くことにしよう。

第1章　地球の温暖化が止まらないって、誰が決めたのか？

日本の電力は、原発も自然エネルギーもなしで足りている

まず最初に、二酸化炭素温暖化説がＳＦ小説であることを、私がみなさんに伝えなければならない第一の理由から説明しよう。それは、原発反対運動をしている人たちの多くが、石炭火力発電を〝悪〟だと決めつけている間違いにある。

２０１１年の東日本大震災後の日本の正確な電力事情を記述して、その問題の理解をしていただくことから始めよう。３・１１大震災で凄惨な福島原発事故が起こったため、２年半後の２０１３年9月15日に、福井県の大飯《おおい》原発が運転をストップしたことによって、日本国内のすべての原子力発電が運転を停止した。この原発ナシの状態は、２０１５年8月11日に鹿児島県の川内《せんだい》原発が、国民の圧倒的な反対を押し切って強引に再稼働されるまで、**ほぼ丸々2年間、真夏の猛暑期も、真冬の酷寒《こっかん》期も、「完全に原発ゼロ時代」を達成したのが日本であった。**その間、この表に示されるように、２０１４年度の原発はゼロ％で、自然エネルギーも

2014年度の電力会社の電源は
○総発電電力量　9101億kWhのうち
火力——87.8%
　ガス　47.5%
　石炭　31.0%
　石油　9.3%
水力——　9.0%
新エネルギー 3.2%　←自然エネルギー
原子力——　0%

ゼロに等しいたった3・2%であった。つまりクリーンなガスと石炭と、少々の水力発電で日本全土のほとんどの電力をまかなった。そのため原子力も自然エネルギーもなしに、読者の家庭でも産業界でもオフィスでも、電力不足にならずにすんだのである。石油火力が9%ほど使われているが、これは工業界が輸入した原油を、自動車用ガソリンやプラスチックなど石油化学製品に使ったあと、残りの重油を火力に使った廃物利用のようなものだから、実質的にはゼロ%とみなしてよい。

しかしほとんどの読者は、たったいま私が「クリーンな石炭」という言葉を使ったことに驚いているはずである。つまり現在の日本と世界のテレビ・新聞の報道を見聞きしている人間であれば、「地球の温暖化は、このままでは止まらず、近い将来には人類に大きな災厄がふりかかる。もうすでに地球の異常気象が大災害を起こしている」というストーリーを信じて、「二酸化炭素を出す石炭火力は犯罪である」という心理に陥っていることは間違いないからである。しかし石炭火力を拒否すれば、電気が足りなくなって、日本政府は再び原子力発電を求めるようになるよ。それでもいいのですか？クリーンで無害な石炭火力を信じない読者は、まず最初に、44頁からの横浜市の実例を読まれたい。

感情論を排除して、科学的な議論をしよう

そこで、このブックレットで私は、読者に対して〝挑発的な〟文章を書かなければならない。なぜなら、多くの人の意見に耳を傾けていると、スウェーデンから登場した16歳の口達者な娘が「二酸化炭素温暖化の危機」を大声で吹聴してから、ついにはブラジルのボルソナロ大統領との〝口喧嘩〟に突入し、この二人のいずれの側につくか、というレベルで〝**感情的な議論**〟をすることが、あたかもジャーナリズムの主流であるかのように見える。しかしなぜ誰も、科学を論じないのだろう。本書の役割は、この二人とも間違えている、という〝**科学的な議論**〟を記述することなのである。

誰がどのような感情をもっているかは、私たちの科学的な判断にとって邪魔である。そこで、その

議論の手始めに、本書の多くの読者までもが、感情的になって、完全な〝CO₂温暖化説の恐怖の新興宗教〟の信徒になっている、と私が考える科学的な根拠を語ることからスタートしよう。
ただしこのCO₂温暖化説の新興宗教には、4種類ほどの信者が存在して、それぞれの知性レベルがまったく異なるので、別々に論評する必要がある。

○正統派の代表的な詐欺師リーダー――IPCC一派、その日本代理人・江守正多《えもりせいた》と気候ネットワーク、国連事務総長アントニオ・グテレス、EU委員長ウルズラ・フォン・デア・ライエン

○IPCCの狂信者――涌井雅之《わくいまさゆき》、グレタ・トゥンベリ、レオナルド・ディカプリオ

○無知であるための盲信者――東京新聞、毎日新聞、朝日新聞、全テレビ報道局

○根拠のない噂に流される無関心人間――大多数の日本人

本論に入る前に、ドイツの物理学者で、啓蒙家でもあったゲオルク・リヒテンベルクが、一年間の新聞をまとめて読んだあと、次のように有名な言葉を語ったことを紹介しておこう。

「新聞の内容たるや、50パーセントが間違った希望であり、47パーセントが間違った予言であり、**真実は3パーセントしかなかった**」

リヒテンベルクがこう語ったのは18世紀だから、21世紀に至るまでには、科学が進歩したから、そんなことは現代報道界にはあり得ないと読者は信じこんでいるかも知れない。しかし！ つい先年、２０１６年４月20日に国際ジャーナリスト組織である〝国境なき記者団〟(RSF—Reporters Sans Frontières) が発表した各国の報道機関のランクづけによると、この時に日本の報道界は、「世界72位」という自由度であり、それから3年後の２０１９年になっても「世界67位」であった。これほど低レベルの内容のテレビ報道と新聞記事が、日本の報道に対する国際的な評価だという事実を、あなたは知っていますか？ まず最初に、この恥ずかしい重大な事実は、すべての報道機関に働く人間だけでな

く、すべての日本人が認識しておかなければならないことである。

具体的なことで言えば、テレビ局と大新聞の賢い記者たちが、２０１１年の凄惨な福島第一原発事故を誰か一人でも事前に予言したり、警告を発したのであろうか。報道界は、この冷静な問いに、冷静に答えたまえ。

少なくとも私は、大地震による原発大事故の到来を確信したので、『原子炉時限爆弾 大地震におびえる日本列島』（ダイヤモンド社）を福島原発事故の半年前の２０１０年８月に出版した。この書で、大地震による日本の原発震災が目前に迫りながらまったく対策がとられていない危機を科学的に、技術的に説明し、その「あとがき」でこう訴えた。

——原発震災の脅威について、これほどまで日本人の無知を助長してきた最大の責任は、報道関係者にある。記者クラブでお上から貰った物語を、もっともらしく広めるだけの宣伝媒体、それが報道機関であってはならないはずだ。本来、報道界の人間の頭が悪いということは考えられない。あなたたちは、この問題について「自分で真剣に調べたことがない」だけではないのですか。ならば、みなさんが考え始めれば、きっと、本書と同じ結論に到達するものと信じている。——

こう呼びかけたが、報道界は誰一人振り向かずに、私が予想した通り悲惨きわまる福島原発事故を招いてしまい、大事故が起こったあとに、手遅れながら、あわてて私の著書を読み始めた。しかもこの『原子炉時限爆弾』発刊とほぼ同時期の２０１０年７月に、『二酸化炭素温暖化説の崩壊』（集英社新書）を出版し、全報道界が信奉している**「CO_2温暖化説が科学的に間違いである」**ことを実証したのが、同じ私である。

だからこそ今、同じ言葉を報道界に投げかけなければならない。

日本のテレビと新聞の報道界が、またしても間違えているのだから、このブックレットをしっかり読みなさい。しかし私の示した事実を鵜呑《うの》みにせず、「この問題には専門家がいない」ことを知って、内容を自分で調べて検証し、自分の頭で考えなさい。

ここに記述することは、中学生が理解できるレベルの理科なのだから。

ギリシャの哲学者ピタゴラスが生きていれば、「汝よろしく沈黙せよ。さもなくば、沈黙に優《すぐ》れることを言え」と、一喝される根拠のない二酸化炭素（CO^{2}）温暖化説が横行している。いまの時代に、猫も杓子《しゃくし》も濫用している〝温暖化〟という言葉のどこに科学的な真理があるかを、自分で調べて数字で確認したことがあると自信のある人は、手を挙げていただきたい。まず99・9999パーセントの日本人は数字で確認していない、と私は断言する。あなたたちは、ただ、ほかの人の言葉を聞いて、うなずいている操《あやつ》り人形にすぎない。その、あなたたちを操る〝ほかの人〟が詐欺師であることを、これから実証する。

あなたは地球の気温を調べたことがありますか？

二酸化炭素温暖化説の代表的広告塔として嘘を誇大に主張する涌井《わくい》雅之《まさゆき》と、すべての報道関係者に、次のことを尋ねてみることから始めよう。いかなる人間の〝意見〟や〝感情〟より重要なのは、〝誰もが事実と認める科学的データ〟であるから、あなたは地球の気温を調べたことがありますか、と。

13頁の図1のグラフが、あなたたちが信奉している〝二酸化炭素（炭酸ガス＝CO^{2}）によって地球が温暖化している〟という説の根拠になっている「世界の年平均気温」の戦後1945年～2018年の変化で、黒い棒グラフが「寒冷化」を示している。この最新のグラフを描くための数値は、日本の気象庁がインターネット・サイト【https://www.data.jma.go.jp/cpdinfo/temp/list/an_wld.html】で公表しているので、日本人であるなら誰でも確認することができる。ところが、「このデータを調べて、グラフを正しく描いている人間が日本では百万人に一人もいない。にもかかわらず、CO2温暖化説が正しいかのように流布している日本は変な国だ」と私は言っているのである。

国連のIPCCが語る言葉を、なぜあなたは信じるのですか？

石油や石炭を燃やした時に発生するCO_2によって地球が温暖化するという説を流布してきたのは、国連のIPCC（Intergovernmental Panel on Climate Change――気候変動に関する政府間パネル）で、その名の通り、いかにも怪しげな政治集団だが、彼らが今の気象庁グラフの温度データの提供元である。そして国連のIAEA（国際原子力機関）は全世界に原子力発電所の建設を進めてきた犯罪者集団であり、彼らと連動する国連のIPCCは、過去に人類が明らかにしてきた考古学、文化人類学、生物進化学、気象学、地質学、宇宙科学のすべてのデータをまったく無視して、根拠のない「疑似科学」を人類の頭にすりこんできた。

2015年までIPCC議長だったラジェンドラ・パチャウリは、アメリカ副大統領アル・ゴアと共にCO_2温暖化説を煽《あお》って、ノーベル平和賞を受賞したが、なぜ平和賞なのかというと、彼らの主張が物理学賞に値する科学的真理ではなかったからである。ミャンマーでロヒンギャ虐殺が起こっていながら「虐殺は起こっていない」と言い張るアウン・サン・スーチーが受賞したと同じ紙くず同然の平和賞だと言えば分るだろう。このパチャウリ前議長は、温室効果ガス（CO_2）の排出権取引きで莫大な利益を得る銀行の顧問をつとめ、この取引きで多国籍企業とエネルギー業界が生み出す資金を、パチャウリ自身が理事長・所長をつとめる「エネルギー資源研究所」に振り込ませていたことが、2010年1月に発覚した。IPCCは、CO_2を食い物にして個人的利益を懐に入れる詐欺グループだったのである。この詐欺師パチャウリのもとで2014年11月2日に最終的に承認されたのが、（2020年時点で）**最新のIPCC第5次評価報告書**なのである。

実は、もっと驚くことがある。1988年にIPCCが設立された時、初代議長に就任したスウェ

図1――世界の年平均気温の平年差（1945-2018年）

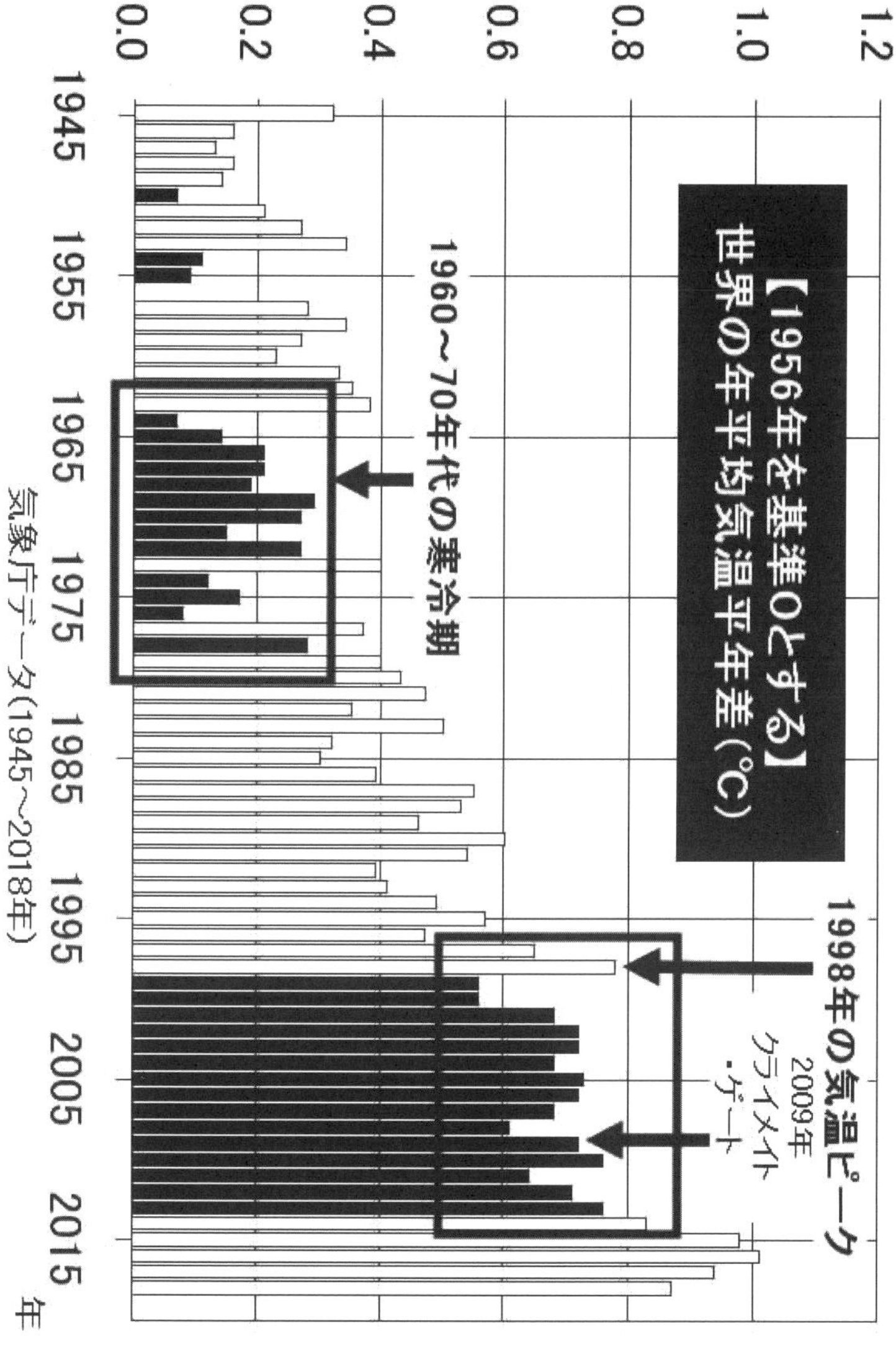

ーデン人バート・ボリンが、「西暦２０２０年には、海水面が６０～１２０メートルも上昇し、ロンドンもニューヨークも水没している」と予測して、CO_2温暖化説を煽ったのだからたまげるではないか。１２０メートルというのは、新幹線5輌分の長さを縦に立てた高さである。西暦２０２０年とはこのブックレットが発刊された年である。その時に、天を見上げるほどの海水でロンドンもニューヨークも水没している、と信じるのは、もはやカルト集団の新興宗教だよね。

日本のテレビ報道に出演するコメンテイターたちは、「２０１８年の夏は異常に暑かった。２０１９年の台風被害は甚大だった。地球温暖化が原因だろう」と、つい口にしたが、まさかコメンテイターの全員が、ＩＰＣＣの詐欺師集団やCO_2学説を信じる新興宗教のために、そのようなことを主張するほど愚かではあるまい。

地球の気温上昇と大気中のCO_2の濃度増加は一致しているか？

しかしこの原稿を書いていた２０１９年12月上旬に、ＩＰＣＣ詐欺集団の国際会議「気候変動会議」ＣＯＰ25が開催されたので、12月8日（日）のＴＢＳテレビ・サンデーモーニングに出演した涌《わく》井《い》雅之《まさゆき》は、さきほどの私の正確なグラフ（図1）を示さず、それと同じ時期、戦後１９４５年から現在までの気温を、上昇曲線としてボードに描いた。次頁の図2で涌井が指さしているゴニョゴニョと曲がった気温上昇線がそれである。これを涌井は得意気に「大気中のCO_2の濃度増加と共に一気に気温が上昇している」かのように説明した。「えっ、ちょっと待て。誰が見ても一直線のCO_2濃度増加と共には上昇していない。途中で何度も気温が下がってる」よ。

この番組の出演者は司会の関口宏、コメンテイター寺島実郎、大宅映子、安田菜津紀、青木理《おさむ》と揃っていたが、誰一人、その涌井のいい加減な説明に異議を唱えなかった。つまり彼らは全員、この問題を科学的に（真剣に）考えていなかったにもかかわらず、涌井の言った結論を信じて、この番組で立派な間違い発言をくりかえす軽率さを示した。このようなデタラメの印象操作に、これまで全世界がだまされてきたので、正しい解説をする必要がある。

全世界では、このようなＩＰＣＣグループの説明を"Global Warming Swindle"――「地球温暖化詐欺」と呼んでいる。先に示した私のグラフを見て正確に、つまり〝科学的に〟考える人間であれば、気温が直線的に上昇せずに、グニャグニャと曲がっているのはなぜか、という理由を考えるはずである。

私のグラフ（図１―13頁）で「１９６０～７０年代の寒冷期」と四角い囲みで示されている10年以上の期間には、主に「火力発電における石油」の消費量が急増し、大気中のＣＯ２濃度が猛烈に急上昇しながら、ほとんどの読者は知らないだろうが、当時は「地球が温暖化する」どころか「氷河期が到来する」という予測が出されていたのである。そして多数の科学者と気象学者の書物が、『大氷河期 日本人は生き残れるか』（朝日ソノラマ）、『氷河期へ向かう地球 異常気象からの警告』（風濤社）などの

図２――ＴＢＳテレビ・サンデーモーニングで解説する
涌井雅之（2019年12月8日）

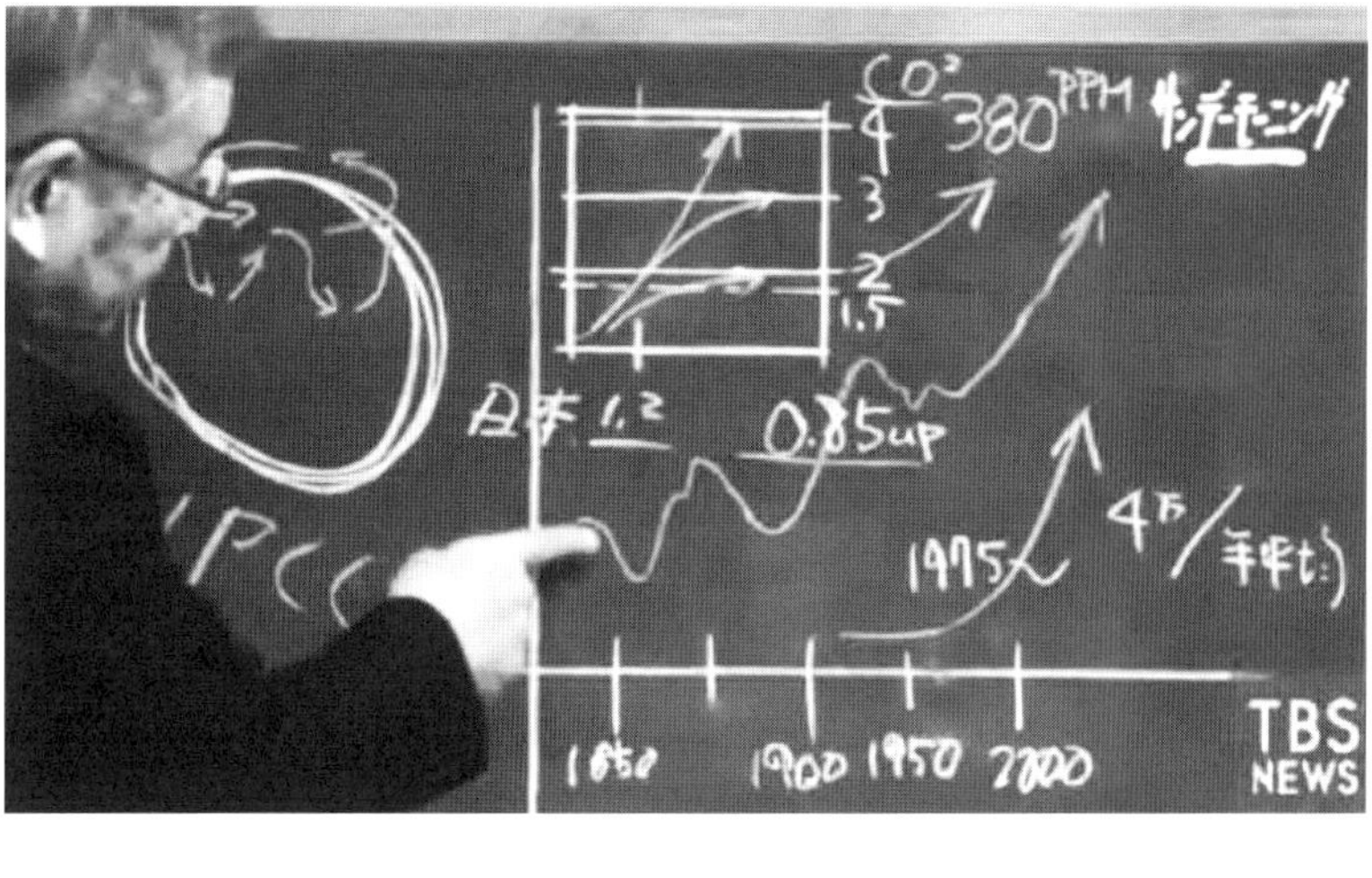

書名から分るように、「寒冷化到来の危機」を警告した。実際、全世界が怯《おび》えたほど寒かったのだ。大半の読者が若すぎるため記憶していない当時の「氷河期に対して、人類がどれほど大きな恐怖を抱いた」かについては、前掲の私の著書『二酸化炭素温暖化説の崩壊』（集英社新書）の80頁以下に、「1960～70年代の寒冷化の記録」をくわしく実証・記述してあるが、信じない人が多いと思われるので、その集英社新書からほんの一部だけをここに紹介しておく。

——1960年代から北極地方を中心に寒冷化の時代に入った。特に1963年1月には記録的な大寒波が西ヨーロッパを襲い、小氷期以来の異常気象と呼ばれた。ロンドンでは平均気温が平年より5・3℃も低く、1795年以来の168年ぶりの寒さであった。

大陸の寒さはこのイギリスよりはるかに厳しく、1963年1月の平均気温は、パリでマイナス2・7℃、ドイツのハンブルクでマイナス6・0℃、モスクワでマイナス15・9℃と、軒並み平年より6℃低く、ポーランドのワルシャワでは10℃近くも低くなり、「数万年に一度の低温」となった。当時、テームズ川、ライン川、ドナウ川など、ヨーロッパの有名な河川はほとんど凍結し、フランスのダンケルクからベルギーまでの海岸は、氷が100メートル沖合まで張りつめたのである。

同じ1963年初め、日本でも北陸から山陰地方にかけて豪雪となり、昭和38年なので「三八豪雪」と呼ばれた。南国九州では、福岡の降雪が1ヶ月に27日と観測史上初めての大記録となり、佐賀でも23日間降雪、鹿児島でも30センチ以上の積雪を記録し、九州が雪国となったのである。北海道には大量の流氷が押し寄せ、さらに寒冷魚である鮭《さけ》が、南限の千葉県銚子《ちょうし》より南下して、静岡県の伊豆半島で網にかかった。——

これでお分りだろう。『二酸化炭素温暖化説の崩壊』からの引用をこの1963年だけでやめておくが、このように信じられないほどの寒さが、1963年だけでなく、実に1976年まで10年以上も延々と続いたのである。高齢者でさえ、「本当にこんな時代があったのか」と驚くほど、人間は過去をすぐに忘却する生き物だが、かつて東京オリンピックが開催された前年の出来事なので、この異常な寒さを記憶している人はたくさんいるはずだ。

私が２０２０年現在77歳であるのに対して、涌井は前掲のサンデーモーニング出演時に74歳で大学教授だから、１９６０〜７０年代の寒冷化の事実は知っているはずだが、こうした科学的事実に言及もしない不真面目な人間だということが分る。

大気中の二酸化炭素（CO_2）の濃度がぐんぐん増え続けていた長期間に、これらの記録的な寒冷化が起こったのだ。ＩＰＣＣの主張が嘘だと、すぐ分るではないか。

【このほか、CO_2温暖化説の誤りについて、基本的な科学を、すでに前掲の集英社新書『二酸化炭素温暖化説の崩壊』にくわしく記述してある箇所は、このブックレットでの重複をできるだけ避けるため（※新書）と示すことにし、本ブックレットでは、結論に重点を置いて記述する。一方、CO_2温暖化説が嘘であることを知っている読者は多いはずだが、同書を発刊してから10年が経ったので、このブックレットでは特に、後半の第2章で、読者が知りたいと思っている台風や山火事など〝最近の異常気象と呼ばれている出来事〟を中心に、くわしく解説する。】

さて、この１９６０〜７０年代のトンデモナイ〝寒冷期〟の終り頃に第1次オイルショックが１９７３年10月から始まって、中東アラブ諸国が原油の公示価格を4倍近く引き上げ、全世界が石油の消費を抑制しなければならなくなった。その結果、このオイルショックを悪用して、先進国が石油火力発電から「CO_2を出さない原子力」に大きく切り替え始めたのが、この時期であった。ところが、CO_2排出量を減らしたのに１９７７年から逆に地球の気温が再上昇し始めたのだ。「CO_2で地球の気温が上昇する」というＩＰＣＣ説と、真逆で、まったく事実が合わないよね。そこで、ＩＰＣＣ一派は、この科学的事実を無視する。これがCO_2温暖化説の大嘘の第一。

中国とインドが猛烈にCO_2を排出したのに気温が下がったのは変だね

もう一つ、図1（13頁）のグラフを右側に見てゆくと、現代に近いところで、〝1998年の地球気温のピーク〟の翌年から黒い棒グラフで示される15年間（1999〜2013年）も気温が1998年を超えなかった、つまり気温上昇がピタリと止まって寒冷化が続いたのである。それがなぜなのか、CO_2温暖化論者は、その理由を説明できない。何しろこの15年間は、中国とインドが図3の写真のように猛烈な噴煙と共にCO_2を排出して、ブラジル（Brazil）、ロシア（Russia）、インド（India）、中国（China）をその頭文字でBRICs（ブリックス）と呼んで、〝脅威の経済成長〟と全世界がはやしたてたことを、寺島実郎なら覚えているはずだ。その時、当然のことながら大気中のCO_2濃度が、気象庁発表の次頁の図4のグラフのように、ぐんぐん上昇していたのだ。1年や2年ならともかく、CO_2が猛烈に増加し続けた15年間も（図4の点線----で囲った時期に）気温が上昇せず、寒冷化したのはおかしいと思わないのかね。これでもCO_2が

図3――1990年代以降の経済成長著しい中国の工場群の噴煙

地球温暖化の原因だと主張する人間は、ただ頭がおかしいとしか言えない。以上実証した通り、IPCCのCO$_2$地球温暖化説は科学的な大嘘であり、ほかにも山のような嘘を『二酸化炭素温暖化説の崩壊』に実証してある。

地球の気温を支配するのはCO$_2$ではなく、水蒸気である

IPCCの仮説を主張する人間は、まず大学で熱力学を学び直してから口を開いたほうがいい。気温の変化に最も大きく寄与するのは、IPCCが言う温室効果ガスではなく水蒸気である。

地球の気象を左右してきたのは、大気中に0・04％の体積しかない二酸化炭素ではない。大気中には水蒸気が重量で13兆トンもあり、空気の量の0・26％を占めているが、湿度の高い所では4％にも達する。この水分が雲をつくって雨と雪を降らせ、蒸発しながら熱を奪い、その水分の保有する巨大な熱量が、気流を起こして風をつくり、全気象を変化させてきたのである。二酸化炭素に赤外線の熱が吸収されても、熱伝導率が二酸化炭素

図4——大気中のCO2濃度の変化（1987-2018年）

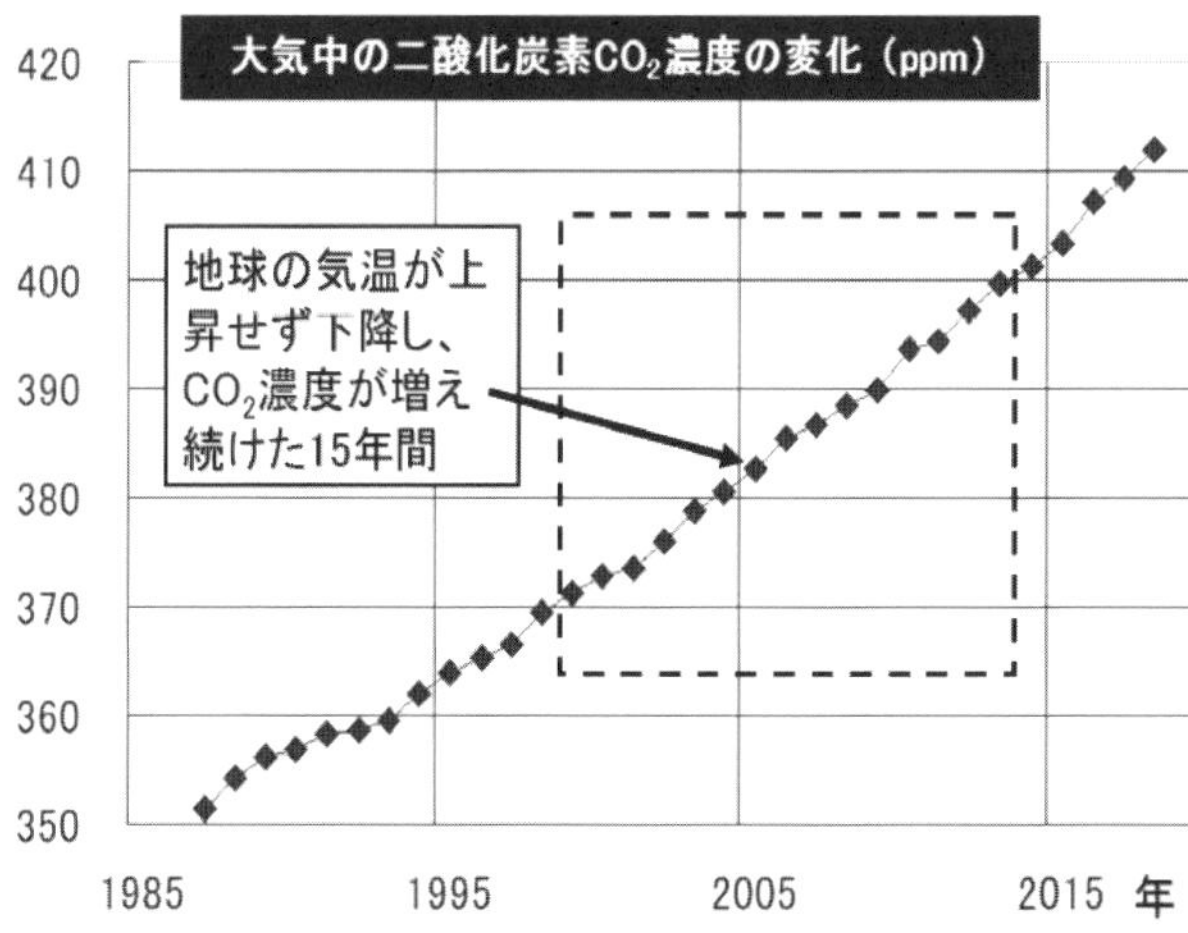

とほとんど変らない水分なので、この熱は膨大な量の水蒸気層に拡散し、一度温まれば水ほど冷えにくい物質はない。なぜなら熱容量(比熱)が最も大きいのは水だからである。熱容量が大きいとは、「包容力が大きい人間」と同じように、熱をためる能力が大きいという意味であり、熱容量が大きな物質ほど、同じ量のエネルギーを受けても、温度は上がりにくい。二酸化炭素と水蒸気のどちらが気象に影響を与えるかは歴然としている。化学を学んだ人間の熱力学では、これが常識である。

しかし、水蒸気の影響は複雑すぎて計算不能だというのが、環境工学のもうひとつの常識である(ヨーロッパの Ecologist はこうした計算が苦手で、アメリカの環境工学 Environmental Study の研究者がくわしい)。水蒸気の温暖化寄与率は最大で95パーセントと推定されるのが熱力学を学んだ人間の計算結果なので、それに比べてCO_2の温暖化寄与率は図5のように目に見えないぐらい小さい。そのように小さなCO_2の温室効果だけを叫び回るIPCC専門家の頭は、完全にどうかしている。だからこそ、地球の気温の変化と、大気中のCO_2濃

図5——温暖化に対する各種気体の寄与率

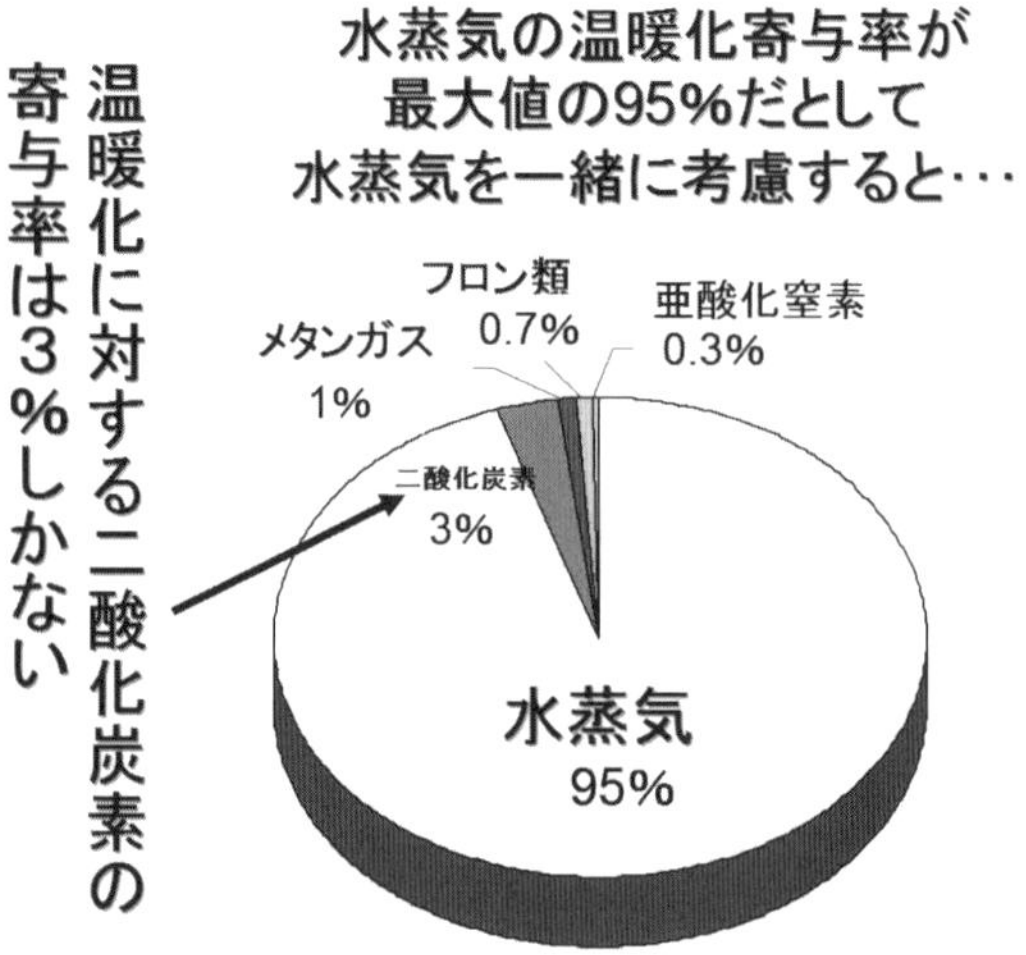
水蒸気の温暖化寄与率が
最大値の95%だとして
水蒸気を一緒に考慮すると・・・
温暖化に対する二酸化炭素の
寄与率は3%しかない
フロン類
0.7%
亜酸化窒素
0.3%
メタンガス
1%
二酸化炭素
3%
水蒸気
95%

度の変化が一致しないのである（※新書）。

こういう科学にシロウトの人間は熱力学の基礎知識がないから、ドシロウトのＩＰＣＣの推定値をすぐに持ち出してくるが、別に専門家でなくとも、読者が自分で「１００後の地球の気温」を予測しようと考えてご覧なさい。地球の大気の複雑きわまりない動きを計算できると考えるのは大嘘だと、誰でもすぐに気づくはずである。私の知人の環境工学の本物の専門家は、「そもそも複雑すぎて計算のできないことをＩＰＣＣのシロウトが騒いでいるだけだ」と、ＩＰＣＣを相手にもしないのは本当だ。日本では、ＩＰＣＣの手先である「気候ネットワーク」が、人類の不幸が巨大化することに手を叩いて喜び、「気候危機」と騒ぎ立てるシロウト集団の代表者である。私には、彼らがなぜ科学を知らないのに自信を持って「１００年後の地球」を予測するのか、あきれて言葉も出ない。もし必要なら、彼らとテレビ公開討論会を開いて、「あなたは、どのように未来を計算したのですか？　計算式を見せて下さい」と尋ねてみたい。そのような式があるはずはないのだから。

19頁に示した気象庁が公表している大気中のCO_2濃度（図４）の単位はｐｐｍで、これは“parts-per-million”の略、つまり百万分の一だから、現在の４００ｐｐｍは1万分の4粒である。科学の専門家でなくとも、過去半世紀で、空気中の分子の1万粒のうち、わずか3粒のCO_2が4粒になって、地球がひっくり返るほど激変すると考える人間の頭はおかしいぐらい、誰にでも分るでしょ。

ＩＰＣＣ専門家の21世紀末の気温予測は、全員が大きく外れた

ＩＰＣＣ専門家が将来を予測する能力がどれほどあったかについては、これまでの実績を見れば分る。日本の気候ネットワークが信奉して吹聴している「ＩＰＣＣの専門家の予測」が、過去にどれほど正確に将来を予測したかといえば、西暦２０００年頃、つまり今から20年ほど前に出した１００年後（21世紀末）の予測が、次頁の多数の点で埋めつくされている図６のグラフである。

当時の全世界は、「高度コンピューターで計算した」という彼らのこの予測を見せられて、「ＩＰＣ専門家全員がグラフのように気温は大幅に上昇すると予測した」のだから、「21世紀末の地球はこんなに猛暑になる！」と飛び上がって驚いた。ところが、実際の気温は、全員の予測が外れてしまった。いま述べたように１９９９年から15年間も気温が上昇しなかったのだ。ＩＰＣＣ専属の専門家は全員が小学生並みの頭脳だったか、それとも全員のコンピューターがこわれていたのである。

　加えて「１℃で地球は激変する」と騒ぎながら、ＩＰＣＣ専門家の間には、このグラフの通り予測に９℃も差があった。何しろ彼らは、１℃か２℃の気温上昇で天地がひっくり返るような気候の変化が起こると言っているのだから、ノーマルな技術者であれば、「９℃も差があるような数字はあてにならない」と言ってゴミ箱に捨てるほどひどいものであった。全員が外れたのに、すべてのテレビ局と東京新聞・朝日新聞・毎日新聞の解説は、なぜ現在も、将来の予測をこのいい加減なＩＰＣＣ専門家の言葉から引用するのか、その神経が分らな

図６——ＩＰＣＣの専門家が100年後の西暦2100年までの地球の気温を予測した結果

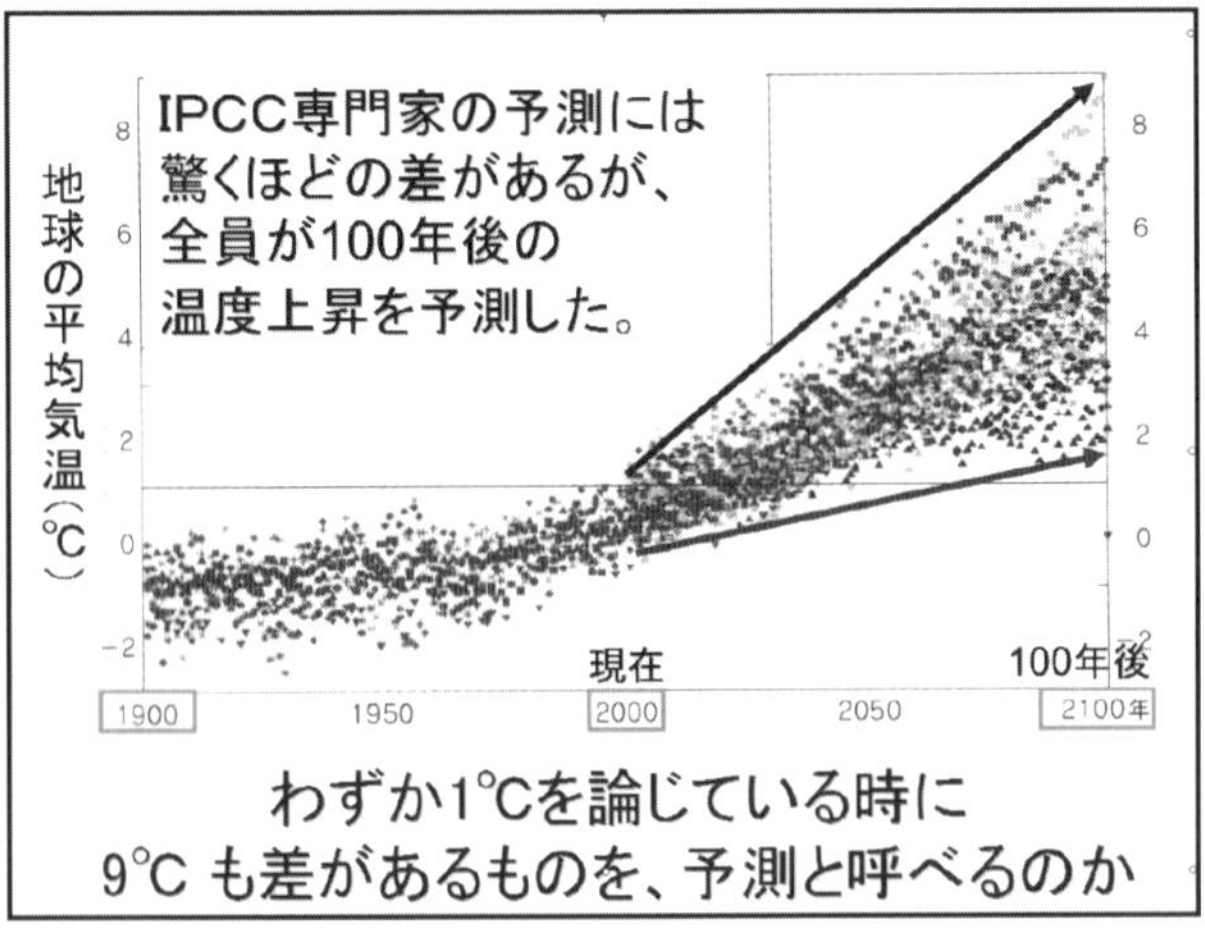

いと私は言っているのだ。読者は、ＩＰＣＣ専属の「専門家」が10年後の予測もできなかったのに、１００年後の21世紀末を予測できるとお考えであろうか。

答を言えば読者はビックリするだろうが、ＩＰＣＣは、気候変動を研究する科学の専門家ではないのである。独自の調査研究を実施せずに、温暖化研究予算を与えた御用学者にCO_2温暖化説に合致するＳＦ小説の予測を出させ、その偏見だけを集める組織なのである。その結果、〝科学的に根拠のない大嘘〟が「世界の専門家の一致した意見」として、報道界で引用されてきたのだ。つまりＩＰＣＣでは、「CO_2増加と気温上昇」の計算結果に関して「目標値」を定めて、駆り出された自称学者（エセ学者）たちに、その目標値に向かって計算を指示したのである。そのため、彼らが思い思いに計算の指標となる係数（パラメーター）を選んでからスーパーコンピューターに数字をほうりこみ、出てきた数値が目標値と大きく異なると、パラメーターを手直しした後に計算し直して、「目標値」に合った答が出る。かくして最後に、全員に「よくできましたね」と花丸がついて及第したのだという。及第した彼らには、各国の政府が膨大な研究予算をつけたので、それ以後は学者という学者がみな金ほしさに魂を売って、「目標値」に向かって計算をおこなうようになり、新聞とテレビがそれを報道し続けた。こうしてエセ学者集団のＳＦ小説の予測が間違いだらけになった。そこで恥をかいたため、**ＩＰＣＣ最新の第5次評価報告書**では、西暦２１００年の気温予測は、最高９℃の上昇説を引っこめて、「今より４・８℃高くなる」と大幅に引き下げた。だが新聞が一面トップで大騒ぎしたこの数字も、何の根拠もない最高予測である。なぜなら「CO_2温暖化説」は、38頁以降に述べる山のような気候変動の要因を無視した、単なる空想小説なのだから。

したがって、報道界を含めたすべての読者にお願いしておくが、私がここまで科学的に実証してきた事実を疑い、それに反論がある人は、「ＩＰＣＣの専門家が……」と、すでに信用を失った人間の言葉を引用してもまったく意味はない。そのような詐欺師の言葉を引用するのはまともな人間ではない。反論があるなら、自分の言葉で、科学的に反証を示しなさい。のちに述べるように、背後には原子力産業があって、彼らがCO_2温暖化説を悪用して原発建設を進めてきただけなのである。

IPCCが詐欺師だって？　この言葉に驚く必要はない。彼らの正体を教えてあげよう。

IPCCが気温データを改竄《かいざん》・捏造《ねつぞう》したクライメイトゲート・スキャンダル

さて、全員の予測が外れて恥をかき、「地球温暖化詐欺」と呼ばれ、科学的な反証データを次々と突きつけられたIPCCは困り果てた。そこで彼らは、地球の気温が上昇しているように見せなければならない立場から、「寒冷化」の黒い棒グラフに追いつめられて、大量の温度データを改竄《かいざん》・捏造《ねつぞう》し始めたのだ。したがって、2014年以後に地球の気温が上昇していると私が描いた最新の気象庁グラフ（図1）も、黒い棒グラフのあと、2014年以後は捏造されたデータである可能性が濃厚で、私はまったく信用していないから、読者がこの経過を知らずにデータを引用しないほうが賢明である（※新書）。

気温が上昇しないので困ったIPCCグループが、かくして気温データを捏造《ねつぞう》し始めたので大事件が起こった。その捏造が電子メールの交信記録から山のように露顕したのだ（事件発覚の経過は、のちにくわしく述べる）。気候のことを英語でclimate（クライメイト）と言うので、このきわめて悪質な事件は、ニクソン大統領のウォーターゲート事件をもじって〝クライメイトゲート・スキャンダルと呼ばれ、IPCCは詐欺師集団であることが明らかになった。ところが日本のテレビと新聞は、北海道新聞を除いて、一切この大事件をまともに報じなかったので、多くの読者はこれほどの世界的事件でも知らないはずである。それほど、日本は完全に**国際ニュースで陸の孤島**なのである。そこで事件を、説明しなければならない。

クライメイトゲート・スキャンダル発覚後の2009年秋のニューヨーク・タイムズが図7の

漫画を掲載した。温暖化のキャンペーンをおこなってノーベル平和賞を受賞した副大統領アル・ゴアの著書『不都合な真実』を積み上げ（これは関口宏の推薦書籍らしいが）、それが嘘だらけだったから、本を暖炉にくべて、寒い地球で暖をとろうよ、という痛烈な風刺画である。

ＩＰＣＣがおこなったデータの書き換えの改竄《かいざん》・捏造《ねつぞう》の実例を示せば、疑い深い読者も驚くだろう。次頁の図8に示される通り、ニュージーランドの過去１００年間の気温の変化は、実際の測定温度が白い棒だったのに、それを灰色のように、矢印分だけ引き上げたのである（※詳細経過は新書）。ＩＰＣＣは、「１００年間で地球は０・７℃も気温が上昇した」と騒いできたのに、オリジナル・データを平均で０・71℃も引き上げたのだよ。このおそるべきデータ改竄《かいざん》をおこなったニュージーランドのＮＩＷＡＲは、National Institute of Water and Atmospheric Research の略だから、海洋と大気の研究機関、つまり日本の気象庁に相当する組織で、ＩＰＣＣの第４次報告書を執筆した世界的権威の一つなのである。科学を冒瀆して、想像もでき

図7――クライメイトゲート・スキャンダル渦中でアル・ゴアの著書『不都合な真実』を暖炉にくべて暖をとる――ニューヨーク・タイムズ 2009年11月24日掲載漫画

ないことをする詐欺の専門家が、ＩＰＣＣだったのだから、そもそも「CO_2温暖化説」の真否を議論する前に、このような議論をすることがアホらしいと気づかなければならないのだ。

このニュージーランドはほんの一例で、温度データに理由もなく手を加えて、気温は上昇していると主張する悪質きわまりない例がオーストラリアでも北欧でもロシアでも、世界中で山のように見つかったのだ（※新書）。

２００９年に発覚したのがクライメイトゲートであるが、その年にスウェーデンで6歳になったばかりの娘がいた！　6歳だから、クライメイトゲートの詐欺事件なんぞ何も知らずに育って、それから10年後の２０１９年に16歳になって、国連に乗りこんで一人で大騒ぎを始めた。この娘は、科学的な事実を調べずに自分が正しいと信じて大声で間違いをしゃべる癖がある。21世紀の新興宗教の教祖となったこの少女は、「ＩＰＣＣが集団で温度記録を書き換え」、重罪を犯した事実も知らずに育ち、スウェーデンはCO_2温暖化説の発祥地なので、ＩＰＣＣ狂信者集団に入信したわけである。

図８――ＩＰＣＣで採用されたニュージーランド各地の100年間の気温変化の捏造実態

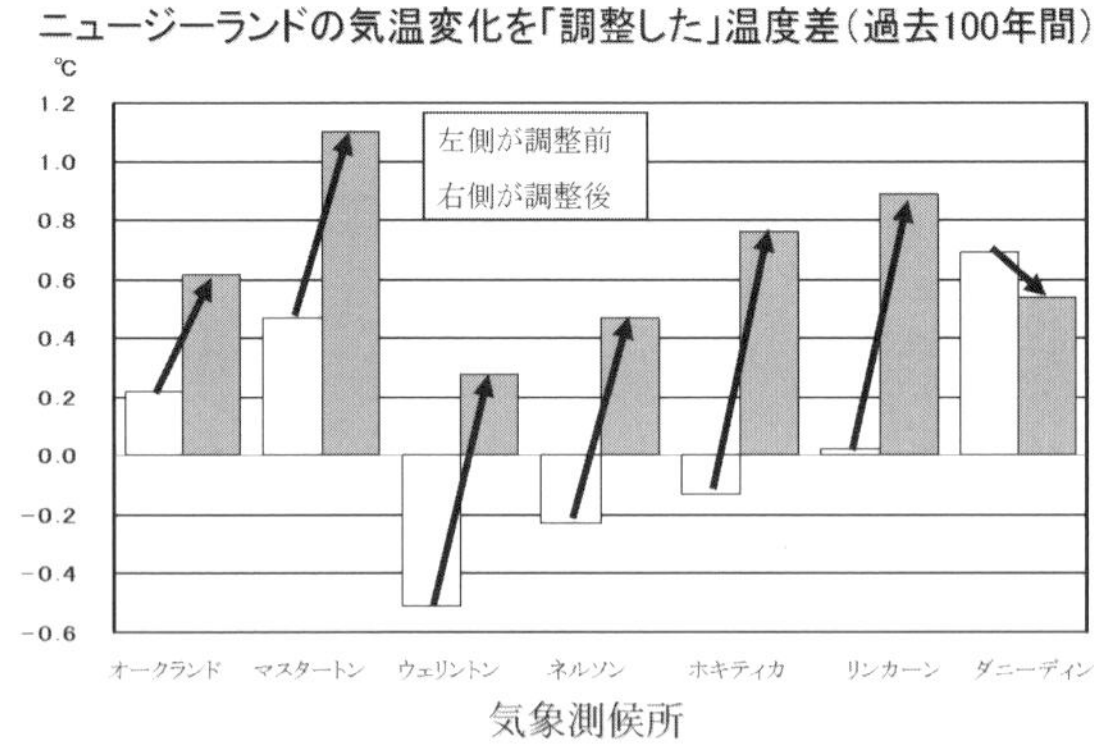

オリジナル・データを理由もなく矢印分だけ「調整」し、右端のダニーディンを除いて、平均0.71℃も引き上げられていた。この高い温度上昇データがIPCCで使われてきた。

驚いたことに、日本で数少ない知性的なコラムニストである師岡《もろおか》カリーマがこの少女を持ち上げたので、その原因を考えて分ったのだが、CO_2温暖化説を議論する資格として、最低限中学生レベルの理科を理解できることのほかに、人間の体験を持たなければ、歴史が分らないということだ。つまり、師岡カリーマや青木理《おさむ》のような理性的人間でも、私に比べれば若すぎて2009年の大スキャンダルの出来事さえ知らないほど人生経験が足りないことが、彼らがこの問題で過ちを犯す共通項であるのだ。民主化を求める香港デモの若者とは違うのだから、科学に関しては「若者が騒いだから正しい」なんて理屈は、この世にないのだよ。このCO_2問題に限って言うなら、若者には大切な知識と、気候変動に関して以下に述べる歴史的な体験が欠けているので、正しい判断ができないのだ。

それにしても、産経新聞、読売新聞、日本経済新聞の原子力偏向新聞ならいざ知らず、多少は理性派側にあるはずの東京新聞、毎日新聞、朝日新聞の記者たちが揃ってこの娘の信者だというのだから、日本の報道機関が、リヒテンベルクが言った通り、「新聞の内容たるや、真実は3パーセントしかなかった」というのは、現代でもまったく真実だと言える。CO_2に関しては、クライメイトゲートも知らない日本の報道界には、1パーセントの真実もない。何しろ、最も基本となる「地球の気温変化の図1」のグラフを示して〝CO_2温暖化説の矛盾〟を指摘する科学的な解説を、「**不都合な真実だ**」と踏みつぶし。テレビでも新聞でも、誰にも見せないのだから。

これでも日本は、科学の先進国なのか？

スウェーデンの娘は、思考法に欠陥があるので、学校にも行かずにストライキなんかしていたものだから、科学の基礎知識がまったくない。医学的には、アスペルガー症候群と診断されたというが、「IPCCは正しい」と盲信する一種の偏執狂に育ったらしい。この娘が2019年8月に、イギリスのプリマスからニューヨーク市まで、国連気候変動サミットに出席するため、ソーラーパネルと水中タービンを備えたヨットで航海して大西洋を渡ったと報じられた。それはCO_2の排出量を削減しようとして飛行機を拒否したためだと発表された。ところが彼女のヨットをヨーロッパに戻すために、数人の乗組員がニューヨークに〝CO_2を大量に排出する飛行機〟で飛び、ヨットの共同船長も〝CO_2を大量に排出する飛行機〟でヨーロッパに戻ったというから、このグループは全員バカ丸出しだね。この小さな教祖の最大の欠陥は、詐欺師集団ＩＰＣＣの〝嘘〟を基に話し始めることにある。ところがこの霊感師は政治家を攻撃するのが好きで、政治的な売名行為で世界中を煙《けむ》に巻いたので、この新手の詐欺に引っかかる人間が続出し、一方で彼女を〝アホ娘〟と呼ぶ人が世界中に続出したわけだ。問題は、この娘を裏で操《あやつ》る人形使いのＩＰＣＣ集団～原子力グループのＳＦ小説に、まともな大人が乗せられていることである。

クライメイトゲートで判明した真の地球の気温変化

クライメイトゲート後、ＩＰＣＣがエセ学者を総動員して大スキャンダルをもみ消したのだ！嘘の上に次々と嘘を重ねる彼らの姿は滑稽だが、日本の科学誌「化学」２０１０年3月号と5月号で、東京大学の渡辺正教授が詳細にクライメイトゲート事件を解析しているので、ＩＰＣＣの正体を知るため、事件を知らない人は図書館でしっかり読みなさい。この事件を知らないテレビと新聞が、気候変動について解説する資格なぞ、あるがはずがない。『地球温暖化スキャンダル　２００９年秋クライメートゲート事件の激震』（スティーブン・モシャー、トマス・フラー著、渡辺正訳、日本評論社、２０１０年6月発行）という単行本もあり、同書はＩＰＣＣがおこなった不正行為をくわしく実証し、全世界でおこなわれてきた気温の測定が信用ならないことを実例写真で多数示している。ところが、著者モシャーらがCO_2温暖化説を科学的にどのように評価しているかという態度が曖昧なので、渡辺正教授の「訳者あとがき」で全体像をつかんでから読むことを勧める。

この大事件が発覚する前に、アメリカ科学アカデミー会長だったフレデリック・ザイツ（Frederick

図9——アメリカ48州における都市と田舎の気温偏差の作為データ
「化学」2010年5月号 vol. 65 No.5, 67頁、渡辺正教授より

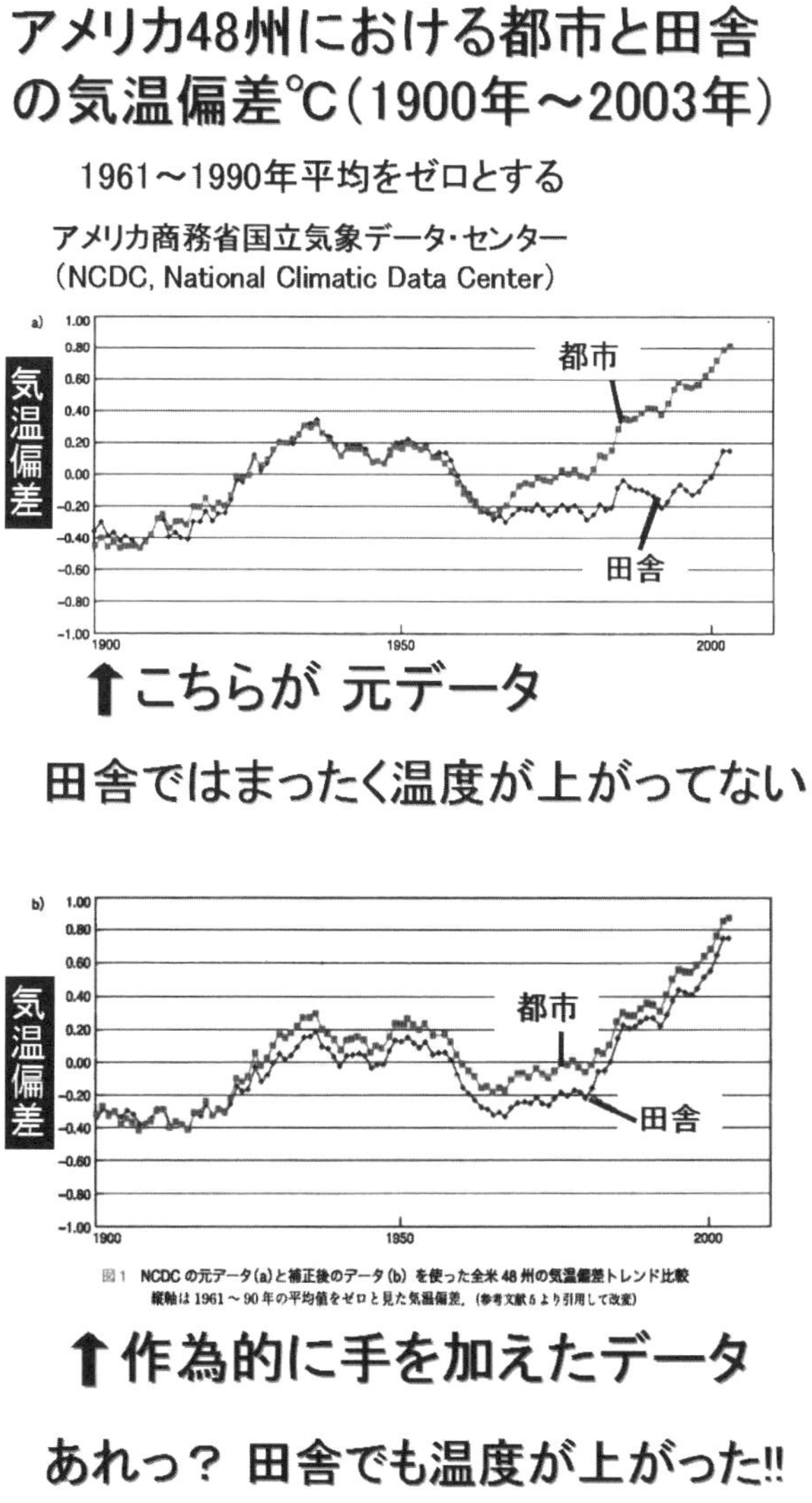

図1 NCDC の元データ(a)と補正後のデータ(b) を使った全米48州の気温偏差トレンド比較
縦軸は1961～90年の平均値をゼロと見た気温偏差。(参考文献5より引用して改変)

Seitz）をはじめとする全米の物理学者、地球物理学者、気候学者、海洋学者、環境学者、実に3万人以上が「二酸化炭素による地球温暖化説は間違いである。CO_2は地球の気候に何ら影響を与えていない」として、京都議定書批准に反対する署名にサインしたことが、科学的に最も重要な結論であった。

アメリカの20世紀の気温は、前頁の図9の「上のグラフ」が正しい元データで、このグラフでは、折れ線グラフが20世紀半ばすぎの右側になると、2本に分かれている。上が「都市部」、下が「田舎」の気温である。つまり気温は、都市部では、エアコンのヒーターや自動車のために人工的な排熱によるヒートアイランド現象が顕著に起こって気温は上昇していた。それに対して、田舎では、気温が上昇していなかった。したがって、地球全体では温暖化していないことが明白であった。

日本のテレビと新聞の報道界では、都市で起こっているヒートアイランド現象と、地球規模のCO_2温室効果（仮説）を区別できないほど、中学生の理科の知識が低いので説明しておく。ヒートアイランド現象とは、室内の温度をストーブの前で測れば暑いのと同じように、都市熱が引き起こす地域的な現象である。それに対して、CO_2の温室効果とは、部屋から外に出た時に外気が寒いか暑いか、という地球規模の現象なので、両者はまったく関係がない。アメリカでは、ヒートアイランドが起こる都市と、起こらない田舎の違いが明確に表われたのである。

そこで困ったIPCC集団は、図9の「下のグラフ」のように「田舎」でも気温上昇が起こっているようにデータを書き換えたのである。これも東京大学の渡辺正教授が実証したグラフである。

このアメリカの気温変化グラフの捏造は、CO_2温暖化説の最も決定的な間違いを示していた。つまりIPCCは、自説の誤りに気づいていた〝確信犯〟だったのである。

すなわち、人類が20世紀後半に入ってから体感してきた「気温上昇」という現象は、大都市に人口が集中した結果のヒートアイランド現象を、人口の多い都市住民が感じただけであって、田舎ではヒートアイランドが起こっていなかった。要するに、地球全体の気温上昇は起こっていなかったのだ。

ＩＰＣＣが発表してきた〝地球の気温〟そのものが、大都市中心の温度測定結果から導かれたヒートアイランド現象を集めたデータであり、すべての国のデータが同じ間違いを犯しているのだから、ハッキリ言えば、地球の気温は20世紀に上昇していないのである（日本でも大きな問題になっているヒートアイランド現象の原因と、とるべき対策については、前掲の『二酸化炭素温暖化説の崩壊』に特にくわしく記述してある）。

20世紀に気温上昇が顕著になったというホッケースティックは捏造だった

このような偽造データが山のようにバレてしまった。それがクライメイトゲート事件である。最大の捏造は、「ＩＰＣＣの評価書で合意が得られている」と主張してきた科学的根拠――「過去１０００年の地球気温は、１９００年代（20世紀）に入ってから突然に上昇が顕著になった。だから、気温上昇の原因はＣＯ$_2$だ」という図10のグラフであった。

このグラフは、ホッケーのスティックのような形で、スティックの先端が20世紀の急激な気温上

図 10――20 世紀に急激な温度上昇が起こったと主張するため
ＩＰＣＣが作為的に描いた過去 1000 年間の地球の温度変化
（通称ホッケースティック図）

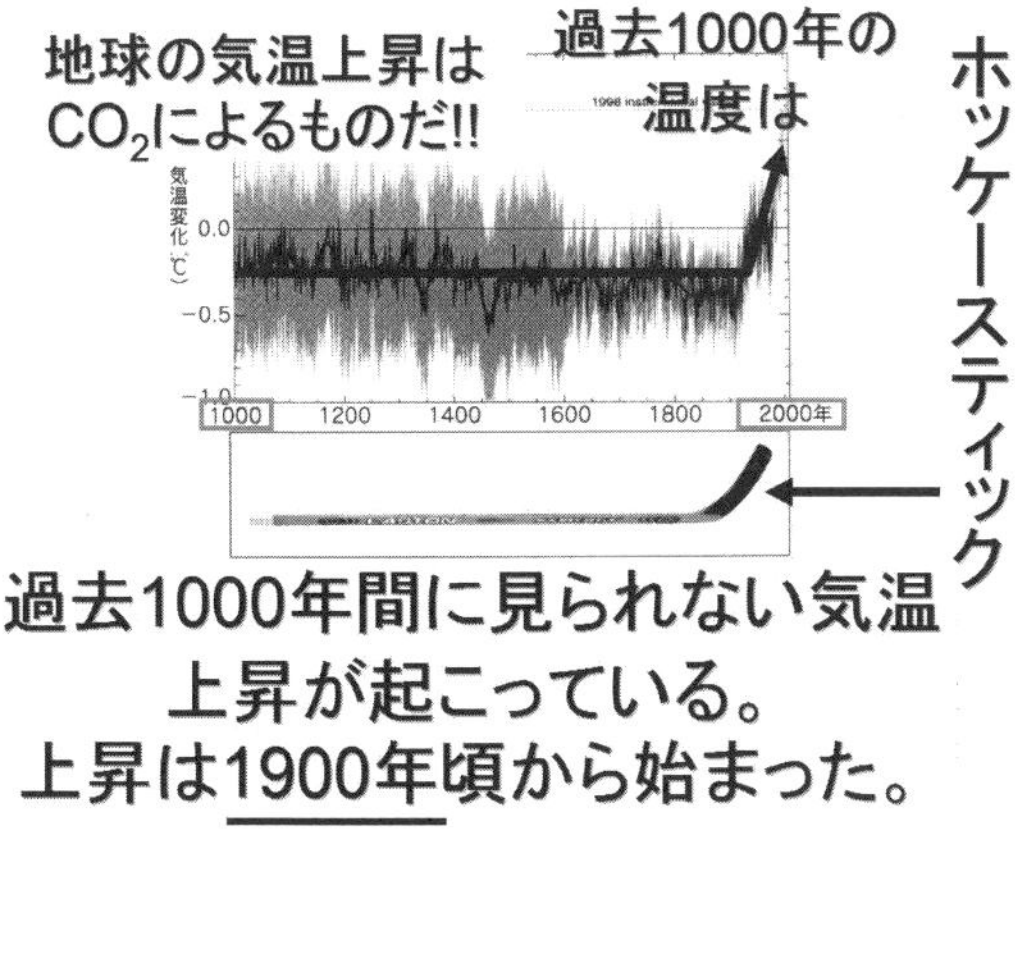

昇を示しているので、地球温暖化のシンボルとして〝ホッケースティック〟と呼ばれてきた。これほど奇怪な気温変化のグラフは、考古学にくわしい私も見たことがない。なぜなら過去1000年間の正しい気温の変化は下の図11のグラフのように、ホッケースティックとまるで違い、大きく波打っている。中世は現在よりはるかに気温が高かったことが常識で分っているし、**気温上昇は20世紀から始まったのではない**。疑い深い人は、図11のグラフの右側の太い点線----の矢印をよく見てご覧なさい。イギリスで1700年代後半に産業革命が起こって石炭火力を使い始めるより前、1600年代半ばの小氷期（Little Ice Age）が終ってから地球の気温上昇が始まっていたので、CO_2は無関係なのである。文化人類学的にはヨーロッパで飢饉に苦しんだひどく寒い時期が、西ヨーロッパを中心にペスト（黒死病）の猛威が人々を苦しめ、ロンドンでテームズ川が凍った時代と一致して、小氷期があったことが明らかになっている。

　クライメイトゲートの19年前、1990年に出されたＩＰＣＣの第1次評価報告書にはこの正し

図11──1990年のＩＰＣＣ第1次報告書に掲載されていた過去1000年間の正しい地球の温度変化（中世の温暖期と小氷期が明示されている）

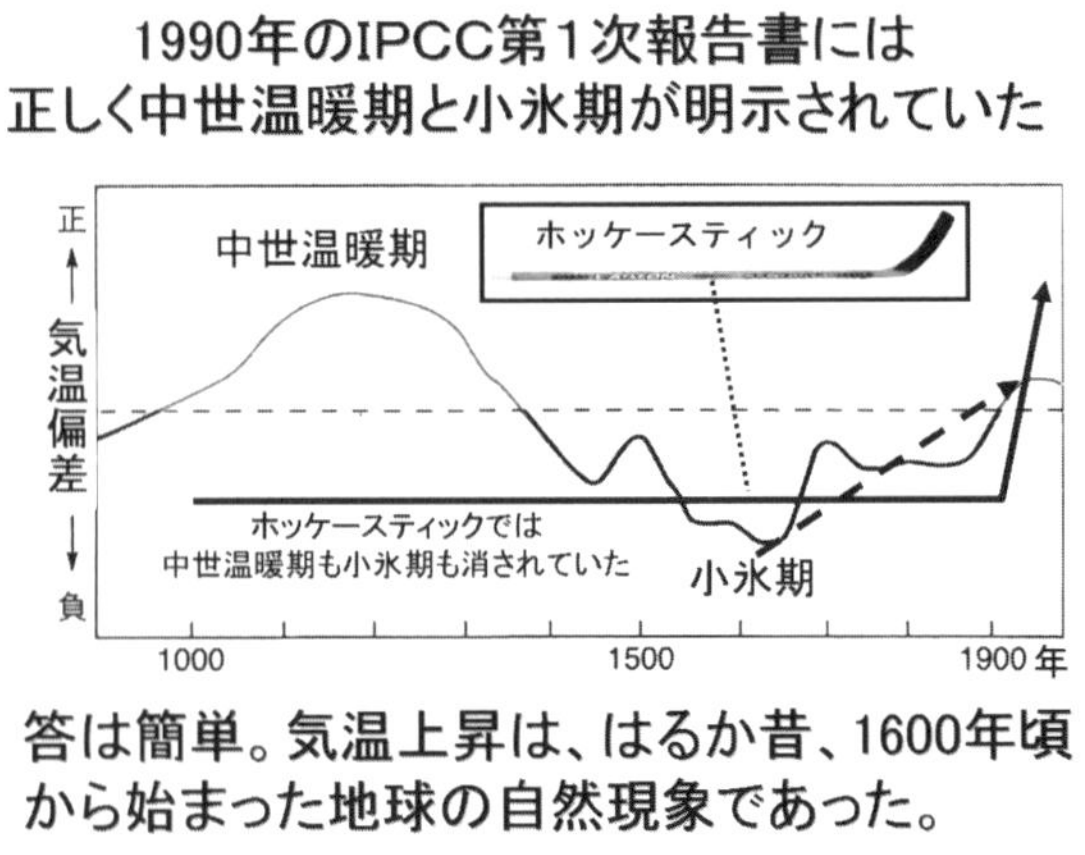
1990年のIPCC第1次報告書には
正しく中世温暖期と小氷期が明示されていた
正
気温偏差
負
中世温暖期
ホッケースティック
ホッケースティックでは
中世温暖期も小氷期も消されていた
小氷期
1000
1500
1900年
答は簡単。気温上昇は、はるか昔、1600年頃
から始まった地球の自然現象であった。

いグラフが出ていたのである！　ところがＩＰＣＣは、CO_2による20世紀の温暖化を強調するために「第3次評価報告書（２００1年1月）」に全世界を欺《あざむ》く有名な「ホッケースティックの図」を示して、実際にあった〝中世の温暖期〟もその後の〝小氷期〟も消してしまったのだ。しかし勿論それが「嘘データ」であることが、直ちに多くの科学者から暴露されて、わずか6年後のＩＰＣＣ第4次評価報告書（２００7年11月17日）から、恥ずかしいホッケースティックのグラフは削除されてしまった。つまり「１９００年代の20世紀に入って、工業界のCO_2放出量が急増したので、地球が急激に温暖化した」と主張していたＩＰＣＣは、「ホッケースティックの図」が嘘だと第4次評価報告書で認めて引っこめたのである。よって、日本のテレビと新聞の報道で紹介されている「20世紀以降の温暖化」説は、ＩＰＣＣ内とその一派の気候ネットワークだけでしか通用しない化石時代の遺跡なのである。日本の新聞記者諸君、あなたたちの主張は、科学の世界ではガラパゴスなんだよ。

その2年後の２００９年11月17日、ＩＰＣＣの司令塔であるイギリスのイーストアングリア大学にある気候研究ユニットのサーバーから、膨大な数の交信メール１０７3件と、文書３８００点がアメリカの複数のブログサイトに流出し、世界中が驚愕する世紀のクライメイトゲート・スキャンダルが発覚し、その一週間後に、さきほど見せたニューヨーク・タイムズの漫画が出たわけである。何しろ、ＩＰＣＣの専門家であるアメリカの気候学者3人が、１９６０年代からの寒冷期を隠すことによって、１９８０年代からの気温上昇を誇張するデータを捏造《ねつぞう》してホッケースティックの図を生み出し、そのトリックに成功してはしゃぐメールの交信が全世界に暴露されたのだ（※新書）。このクライメイトゲート事件が発覚した時、日本では江守正多がＩＰＣＣの手先なので、メールを内部告発した勇気あるハッカーを犯罪者扱いして、「われわれも気をつけよう」と呼びかけた。「嘘を隠せ」というのだから、すごい言葉を吐く人間だね。ＴＢＳテレビ・サンデーモーニングでたびたび引用するのが、この詐欺師の代理人・江守正多の言葉であった。

それから10年後の今になってホッケースティックをもとに説明する日本のテレビ局には、ＩＰＣＣガラパゴス化石賞を授与するべきだと思う。この世界的なスキャンダルによって、〝ＩＰＣＣが気温データを捏造した〟ことが明らかになり、「ＩＰＣＣは詐欺師」と断定されるようになった。ところがウォールストリート・ジャーナルをはじめとする全世界のマスメディアが大騒ぎしているのに、日本では、驚くべきことに、すべての大新聞とテレビ局がこの巨大なクライメイトゲート・スキャンダルをまったく報道しなかった。なぜなら自分たち報道界が、「シロクマちゃんは、温暖化で北極の氷がとけてどうなるのかしら」と言っていた黒柳徹子をはじめ、テレビ出演者全員が、ＩＰＣＣの地球温暖化論に乗って騒ぎ続け、ＩＰＣＣの片棒をかついできた共犯者だったからだ。

ドイツ人もアメリカの気象予報士も地球温暖化説を信じなくなった

この２００９年スキャンダルの結果、全世界にどのような認識が広まったかを紹介する。ドイツのシュピーゲル誌（Der Spiegel）２０１０年3月27日号によれば、同年3月22～24日におこなったドイツ人の意識調査で、「地球温暖化はこわいと思うか？」という質問に、58％が「Ｎｅｉｎ（ナイン）」（＝英語の「ＮＯ」）＝「いいえ」と回答した。CO_2温暖化説のリーダーで環境保護運動が最も盛んだったドイツ人の過半数が、ついにCO_2温暖化説を信じなくなったのである。ほぼ同じ時期にアメリカ・ヴァージニア州の大学の調査（George Mason University, Center for Climate Change Communication ２０１０年3月29日発表）で、同年1～2月にアメリカ気象学会と全米気象協会のテレビ気象予報士にアンケートをとった結果でも、５７１人の回答者のうち63％が「気候変動の主因はCO_2ではなく、自然現象である」と回答し、26％が「地球温暖化論は詐欺の一種である」とまで回答した。「クライメイトゲートの不正をもみ消した人間たち」が受けた評価は、本当にあわれだ。

地球の気温が上昇していた１９９８年までの１９９０年代には、ＮＨＫテレビがニュースの冒頭に「南極」の氷が崩れ落ちる映像を流していた。「温暖化対策は待ったなし」と叫び、「南極の氷が溶けて地球が水没する」という説が、地球温暖化の脅威を煽《あお》る目玉であったからだ。ところが、現在では誰一人、南極を口にしない。どうしたわけなのか？　それは、南極ではその予測が外れて、寒冷化が15年も続き、２０１０年代に入って氷が溶けるどころか、逆に分厚い氷と大量の積雪に、南極観測隊が四苦八苦する寒い年が続いたからである（※新書）。そもそも、「南極の氷が崩れ落ちるのは、分厚い氷の重さのためであって、太古から続いてきた自然現象だから、温暖化や人類によるCO_2の排出とは無関係だよ。そんなことも知らないのか」と痛烈批判されて恥をかいたのがＮＨＫであった。そこで「温暖化だ」と叫んでいたＮＨＫは、その映像を流さなくなった。

　南極の氷はなぜ崩れるのだろうか。地球が暖かいから？　とんでもない。「棚氷《たなごおり》が融ける」と大騒ぎし、環境破壊だと叫び回る人たちは小学生の算数もできないらしい。百科事典を開けば、「南極の氷の厚さは、平均すると２５００メートルある」と書いてある。この厚さの氷で一体、どれほど巨大な圧力がかかるか？　氷の比重が液体の水と同じ1ならば、縦・横・高さ1メートルのサイコロの大きさの氷は1トンになるので、２５００メートルでは1平方メートルあたり２５００トンの重さになる。しかし氷の比重は、液体の水よりわずかに小さいので、1平方メートルあたり２２９２トンの重さがかかっている。つまり南極では、ざっと畳半分の面積に２０００トン近い重さがかかっているのだよ。２０００トンの重さで、氷が崩れないはずがない。そのため、氷は自分の重さで、海に面した端から次々に崩落するのである。太古の昔から、南極の氷は崩れてきたのだ。

異常気象説に切り換えて、支離滅裂のデタラメキャンペーンが始まった

　ところが２０１９年になって再びＮＨＫは、ＣＯＰ25と、16歳の娘騒動に便乗して、「南極の氷が崩れ落ちる映像」を流し始めた。日本人は、おそるべき公共放送を見させられている。

なぜそのようにわずか10年で、ＣＯ$_2$温暖化説が復活したのか？　それは、地球温暖化・温暖化と、一時あれだけ大騒ぎした以上、「ＣＯ$_2$による気温上昇論」が嘘だと知られては立つ瀬がないＩＰＣＣ集団が、「温暖化」ではなく、山火事や台風、竜巻などの自然現象を一緒くたにまとめて「異常気象が広がっている」、「温暖化は極端な気象をもたらす」という情緒論で、自然の脅威として煽《あお》れば、大衆なんてすぐにだませるという戦略に切り換えたところ、共犯者のマスメディアがそれに乗って、普段何も考えていない大衆の群集心理を利用して、科学的にまったく根拠のない噂話を広め始めた。それが現在の新聞とテレビで大量に横行している「温暖化のデタラメキャンペーン報道」であり、ほとんどの報道が、新興宗教の狂信者となっている。何しろどの記事を読んでも、「温暖化」と「異常気象」のほかに災害の原因を説明する言葉を知らず、頭の働きがロバそっくりである。これから述べるように、地球の歴史上で昔からくり返し起こってきた自然現象の変化を、テレビと新聞が「異変だ」と騒ぎ立て、〝気温データを捏造したＩＰＣＣ〟と一緒になって、ＳＦ小説並みの支離滅裂な21世紀末のデタラメ予測で「危機」を煽っている。

　では彼らが正しいなら、なぜ２０１９年末のＣＯＰ25は、参加国の同意が得られず、空中分解したのか？　前年２０１８年末12月15日に採択された現在の「パリ協定」の運用ルールでは、従来の「ホッケースティック」で主張していたような20世紀に入ってからの気温上昇は嘘だとバレているので、「産業革命以後の１８００年代の気温と、現在の気温」を比較して、気温上昇を２℃未満におさえることを目標にする、と決めたのだ。なぜ「ＣＯ$_2$温暖化説」の目玉商品だった「20世紀の気温上昇説」を引っこめたかって？　人類がジェームズ・ワットの蒸気機関で産業革命を起こし、石炭を燃やしてＣＯ$_2$を出し始めた大昔に戻らないと、地球の気温上昇を主張できなくなったからである。ところが笑止、その産業革命時代にはいくらイギリスで石炭を燃やし始めたと言っても、ＣＯ$_2$放出量が現在の１億分の１程度の微々たるものだから、石炭のＣＯ$_2$によって気温上昇が始まったという科学的根拠になるはずがない。さらに先ほどの図11のグラフ（32頁）のように、人類が石炭を使い始めた産業革命の前、つまりガリレオの時代の西暦1600年代から地球の温暖化が始まっていて、**世界中の氷河の融解もスタートしていた**ことを、ありとあらゆる自然界のデータが示しているのだ（※新書）。かくして「1900年代の20世紀、しかも後半になって、工業界でCO_2の放出量が急増したことと、地球の温度変化は無関係である」ことも、やはり科学的に明白であった。2019年12月に大騒ぎしたCOP25に詐欺師が集まっても、空中分解して何も決められなかったのは、当然のことなのである。

「縄文海進」のように、温暖化および寒冷化は昔から起こっている

日本で有名な歴史的事実を挙げれば、誰でも分る。考古学で「縄文《じょうもん》海進《かいしん》」として知られるように、人間が**石油も石炭も使わなかった**ほぼ6000年前の縄文時代に、下の図12のように、東京湾の海が栃木県あたりまで広がるほど海面水位が高く、現

図12——石油も石炭も使わなかった縄文時代に、東京湾が栃木県まで広がっていたことを示す温暖化の縄文海進

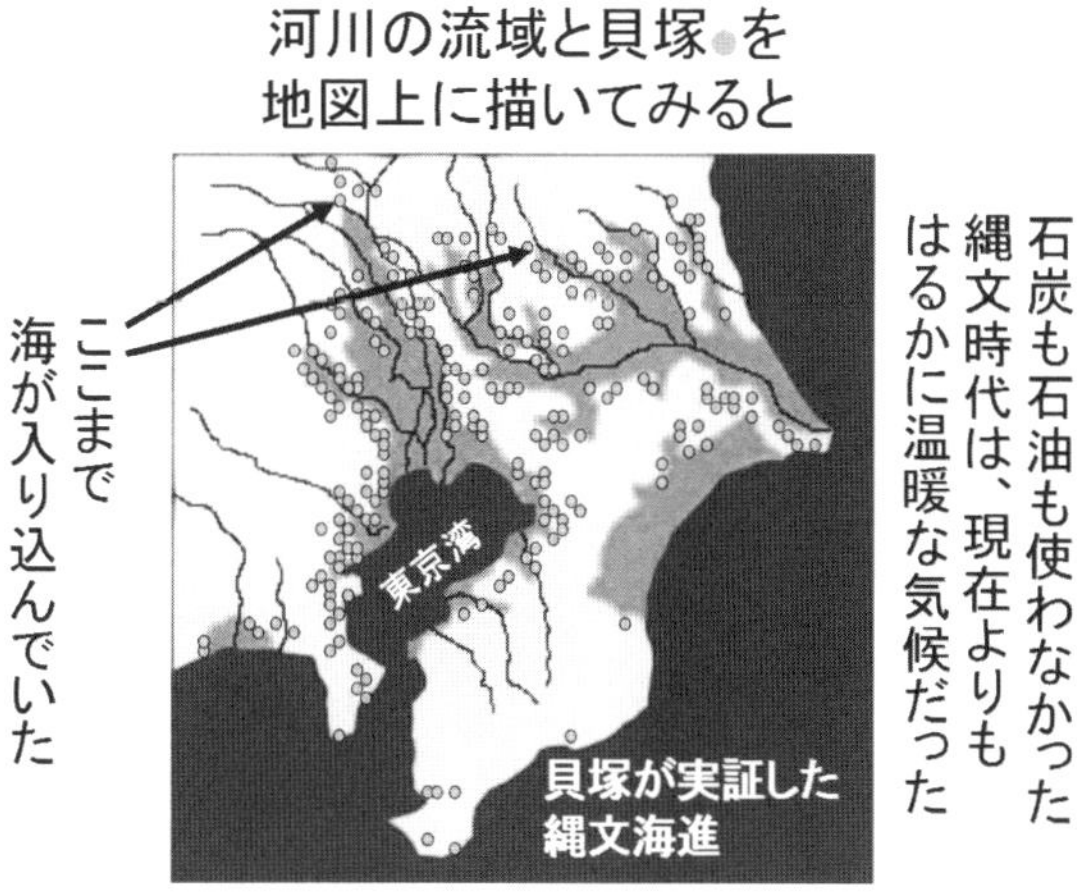
河川の流域と貝塚を
地図上に描いてみると
石炭も石油も使わなかった
縄文時代は、現在よりも
はるかに温暖な気候だった
ここまで
海が入り込んでいた
東京湾
貝塚が実証した
縄文海進

在よりはるかに温暖化していたことは、関東地方各地の縄文人の〝海の貝〟の貝塚の遺跡の分布から明らかになっている。

数千年前には、今よりはるかに地球が温暖化して、海面水位は5メートルも高かったのだ。したがって、このような「地球の気候変動」と「工業化によるCO_2排出」を関連づけることが科学的に間違いであることは、昔からはっきりしている。全米の物理学者、地球物理学者、気候学者、海洋学者、環境学者、実に3万人以上が主張した通り、**温暖化**および**寒冷化**は、地球上で太古の昔からたびたびくりかえされてきた自然現象であって、CO_2とは無関係である。IPCCの「CO_2地球温暖化」という〝CO_2原因説〟は間違っているから、21世紀の**温暖化**や**寒冷化**という気候変動に見当違いの対策をとれば、あべこべに被害が拡大する、と私は警告しているのだ。IPCCの手先である江守正多は、この縄文海進の歴史的事実を正しく説明できない人間である。この男は、国立環境研究所地球環境研究センターの「温暖化リスク評価研究室室長」として、CO_2温暖化説の利権構造の中で発言しているだけだということが、マスメディアには分っていない。

太陽黒点などの宇宙的な要因が気候変動を起こす

ではCO_2が原因ではないとすれば、地球の気候変動を起こす要因は何かと言うと、ビックリするほど、山のように数々ある。赤道付近の南米近く、太平洋海域の海水温度が急激に変化するエルニーニョやラニーニャが、旱魃《かんばつ》や山火事、大雨、猛暑や厳寒をたびたび起こしてきたことが19世紀から知られているが、その発生原因はいまだに誰にも不明なのである。

そもそも地球は、太陽のまわりを回って四季をもたらしているが、その公転する軌道が約9万2000年の周期で変化しているのである。この変化によって地球と〝地球に熱を与える太陽〟の距離が1800万キロメートル以上も変化するのだ。地球が太陽に近くなれば気温が上がり、遠ざかれば気温が下がることは、子供でも分るはずだ。ＩＰＣＣの詐欺師たちは、ミランコヴィッチ・サイクルと呼ばれるこのように複雑な宇宙的変化の組み合わせを調べたことも考えたこともないから、「それは小さな影響だ」とデタラメを言って計算もしない。

そのほか、１９９１年に起こったフィリピンのピナツボ火山の大噴火のように、火山灰が空をおおって太陽の光を遮る影響もあり、私の著書『二酸化炭素温暖化説の崩壊』に気候を変えるそれら数々の要因を列挙し、くわしく解説してある。だが、自然現象としてあまりに多くの原因が考えられ、加えてそれらが相互に影響し合うので、人間にはそれらの複雑な組み合わせを、十次元、いや二十次元のような計算式で表現することは、科学者の誰が考えても絶対に不可能である。もしそのような計算をする頭のおかしな人間がいれば、それは科学の世界で詐欺師と呼ばれる。その狂信的集団がＩＰＣＣなのである。

一方、何万年、何千年という単位で、非常に長期的な期間にわたって過去に地球にくり返し起こってきた周期的な気候変動を実証するデータは存在する。それらはすべて自然現象の事実に基づいた科学的な根拠があるから、「現在の地球が温暖化に向かっているか、それとも逆に寒冷化に向かっているか」を推測する手段に使われ、科学者の予測学説は、いくつも提言されてきた。そうした数々の科学論をすべて読んでみると、温暖化よりこれからは寒冷化するという予測のほうが圧倒的に多い。そして、主に太陽の活動のような宇宙の変化が、気候変動を起こしていることは明らかで、最も顕著な影響が、太陽の黒点の変化である。したがって、気候変動の大半は、人間には手の届かない宇宙的現象なのである。

１６１０年に、ガリレオが太陽に「黒点」を発見して以来、人類が観測を続けてきた結果、太陽黒点が増えたり減ったりする周期は、平均的に11年であることが明らかにされている。そして、黒点がゼロ近くに減った時期には、地球が氷河期のように寒くなったのである。イギリスの天文学者ウォルター・マウンダーが太陽の黒点の記録を克明に調べて、１６４５年頃から１７１５年頃までの70年間に、太陽面上から黒点がほとんど消えた時期があったことを１８９４年に明らかにした。この時期が、気象学者や天文学者のあいだで、発見者に因《ちな》んでマウンダー極小期と呼ばれるようになり、文化人類学的にはヨーロッパで飢饉《ききん》に苦しんだひどく寒い時期に、西ヨーロッパを中心にペスト（黒死病）の猛威が人々を苦しめ、ロンドンでテームズ川が凍った時代と一致して、小氷期があったことが明らかになったのである。この史実に異を唱える科学者はまったくいないというのに、ＩＰＣＣがその小氷期を隠そうとしてバレてしまい、クライメイトゲートの大失敗を犯したのである。なぜ黒点の増減が地球の気候に影響を与えるのであろうか。

　太陽の活動が活発化すると、内部の磁力が表面に現われる。この磁力線によってエネルギーの流れが妨げられた部分は温度が低くなって、太陽表面に「黒点」が出現する。太陽の温度は６０００℃ぐらいだが、３０００℃しかない部分が黒点とな

図 13——宇宙線が地球に降り注ぐと地球の気温が下がるメカニズム

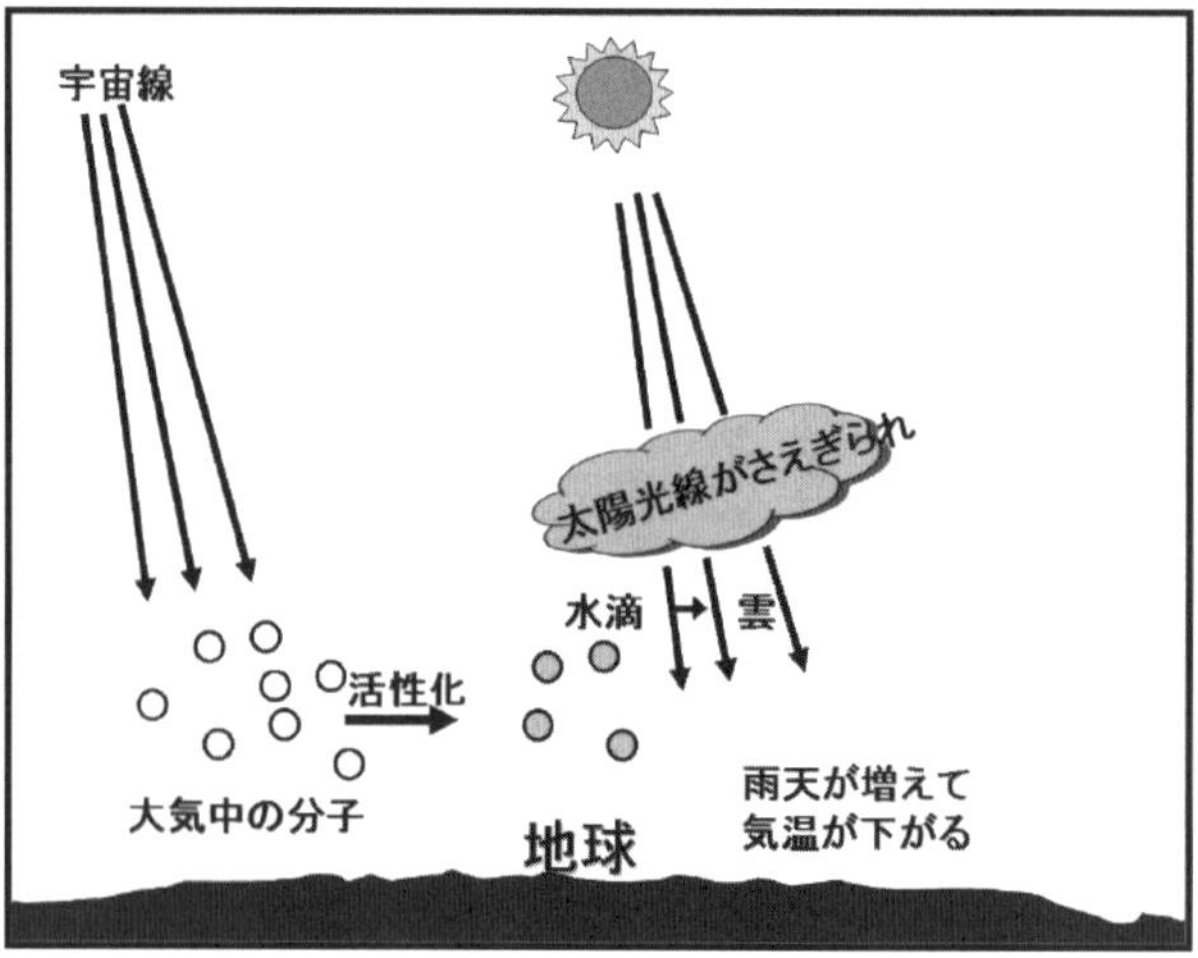

るのである。

つまり、黒点が増えた時は太陽の活動が活発で、黒点が少ない時期は太陽の活動が小さい。

黒点が少なく、太陽の活動が小さい時には、前頁の図13に示すように、宇宙線が太陽風に遮《さえぎ》られずに地球に降り注ぐため、大気中の分子が活性化して、**空気中の水滴が雲をつくりやすくなるので、地球の気温が下がって寒冷化する。**

逆に、黒点が増える時期は、太陽の活動が活発なので、図14のように太陽風のプラズマが強くなり、地球に降り注ぐ宇宙線を遮《さえぎ》る。すると**大気中の分子が水滴になりにくくなるので、雲が減って、地球は温暖になる。**

以上述べたように、宇宙現象が地球の気候を変化させることを、地球に降り注ぐ宇宙線を実測することによって実証したのが、デンマークの生んだ天才ヘンリク・スヴェンスマルクであり、いま示した図の「雲の面積」と「宇宙線の量」の変化がピッタリ一致することを、前掲の『二酸化炭素温暖化説の崩壊』にグラフで明示してある。実は、私は2014年に彼と会って話したことがあるので紹

図14——太陽の活動が活発になると地球の気温が上がるメカニズム

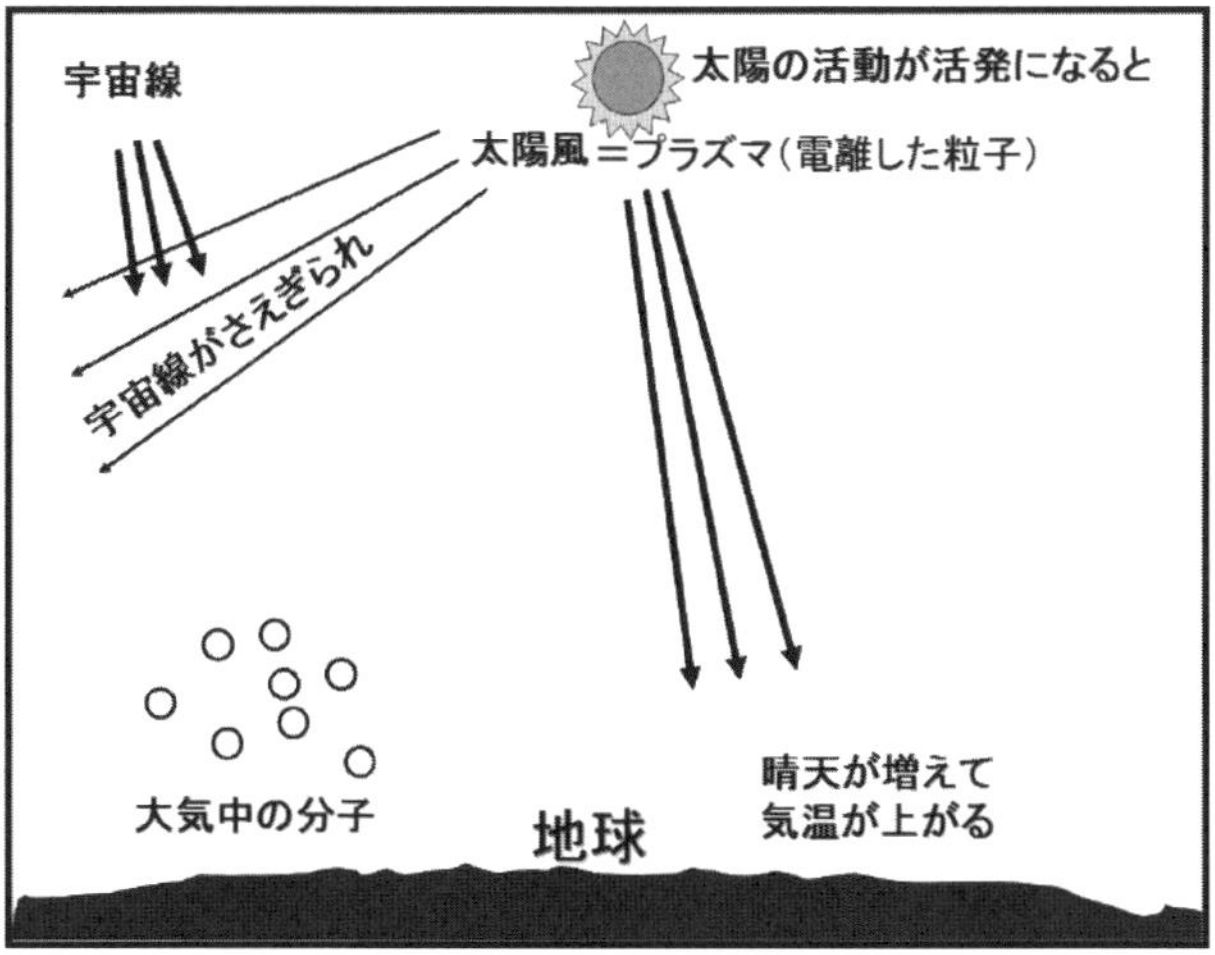

介しておく。例によって、日本中の読者が毒されているインターネット辞書〝Wikipedia《ウィキペディア》（日本語版）〟は、ＩＰＣＣ説のデマを広げることに熱中する書き手不明の無責任な流言蜚語《ひご》の代表者だが、スヴェンスマルクの科学的な証明についても足を引っ張る根拠のないデタラメを書いているので、正しい紹介をする必要がある。スヴェンスマルクは真の宇宙物理学者なので、ＩＰＣＣ一派は何とかして彼をつぶそうとやっきになって弾圧し、報道メディアを動員して故意に無視し続けてきたほど、彼の頭脳は全世界で最もおそれられている。私はノーベル賞にほとんど価値を認めない人間だが、もしノーベル物理学賞に意味があるとするなら、スヴェンスマルクは、当然、まず最初に受賞するべき文字通りの天才である。

彼は日本で発刊された著書『〝不機嫌な〟太陽――気候変動のもうひとつのシナリオ』（ヘンリク・スベンスマルク、ナイジェル・コールダー著、桜井邦朋監修、青山洋訳、恒星社厚生閣、２０１０年3月10日発行――原書は、by Henrik Svensmark & Nigel Calder (2007). The Chilling Stars: A New Theory of Climate Change. Totem Books.）の著者で、正しい読みは書名のスベンスマルクではなく、スヴェンスマルクである。私はこれまで、壮大な宇宙は複雑すぎるので深い関心を寄せなかったが、この書の記述内容を1ヶ月かけて毎日少しずつ事実を検証しながら読み終えて、これほど面白い本にめぐりあったのは何十年ぶりだ、と感銘を覚えた。それは私がCO_2温暖化説について、すでに科学的にあらゆる面から考えていたからであって、何も考えていない普通の人がどう感じるかは分らない。しかしこれから真剣に気候変動を考えようという人には、必読書である。つまり何事にも疑い深い私は、懐疑的な目でこの本を読み進めたので、スヴェンスマルクがどのような思考法で地球の気候変動を解析してゆくかという過程に、次第に魅せられ、彼が明らかにしたデータを検証するごとに、その誠実な科学者の姿勢から、彼の測定データが事実であると確信したのである。彼の結論は、著書の副題「**気候変動のもうひとつのシナリオ**」が語るように、「世の中で騒いでいる二酸化炭素が気候変動を起こしているのではなく、正しくは宇宙が気候を変えている。したがって、宇宙に左右される将来の地球の気候がどうなるかは確言できない」というものである。私は以前から、この「確言できない」という態度こそ科学者がとるべき冷静な態度であると考えてきたので、彼を全面的に支持する。

一橋大学経済学部教授（のちに同志社大学教授）の室《むろ》田武《たけし》さんは、電力会社がなぜ原発に固執するかという経済的な理由を日本で最初に明らかにし、原発反対運動の世界で知らぬ人がいない賢人で、２０１９年に惜しまれてこの世を去ったが、私と同年生まれの親友であった。彼は物理学者なので、私と同じく、CO_2温暖化説が原子力産業の陰謀であることを学会で論証してきた。福島原発事故後の２０１４年3月31日に、その室田さんが横浜にデンマークからスヴェンスマルクを招いて講演会を開いたので、私は飛んで行って話を聞き、講演後に懇親会でスヴェンスマルクと語らい、彼が当日の講演プレゼンテーションで使った貴重な全資料をいただいた。

図 15——2014 年 3 月 31 日、横浜市開港記念会館で講演したヘンリク・スヴェンスマルク——筆者撮影

その会場に、テレビと新聞の報道界は一人も参加していないほど、愚かをきわめるのが日本であった。これほど不勉強なテレビと新聞の報道界が、どうして100年後の地球を予測したりするのであろうか。

先進国の最新の石炭火力はきわめてすぐれたエネルギー源である

私が本当に心配しているのは、IPCCが罪もないCO$_2$を悪者にした結果、最近「低炭素社会」という言葉を使うアホが、市民運動や、原発反対運動や、エネルギー産業の中でも増えていることだ。菅直人《かんなおと》も理由もなく化石燃料を憎むそのアホの一人だ。「植物は炭酸ガス（CO$_2$）を吸収して炭水化物の糖分を合成し、水を分解しながら酸素を大気中に供給してくれ、動物がその酸素を吸って生きている」という地球の生命の科学を、あなたは中学で習わなかった？　人間は炭素からエネルギーを得ることによって貰い生命をこの世に授かった生物だよ。その人間が、台所のガスコンロで炭素を燃やして料理しながら、根拠のないCO$_2$悪玉説を盲信しているのだよ。生命の素である遺伝子DNAは炭素からできているのだよ。自分の生命を自ら否定するような言葉を使う者は、人間の資格がない。最もすぐれたエネルギー源である天然ガスまでも、IPCC集団のおかげでCO$_2$排出源として槍玉にあげられるほど、アホ人間たちの驚くべき無知が横行している。

地下資源である石油・ガス・石炭の貴重な炭素を効率よく使おう、という意味であるなら、「省エネ社会をめざそう」と言うべきなのである。

私がCO$_2$温暖化説を否定する動機は、「CO$_2$が気候変動に無関係である」ことが百パーセントはっきりしているので、先進国で使用されている〝最新の石炭火力〟が発電法としてコストが最も安く、〝原発ゼロ〟のために推奨できるからである。現在のヨーロッパ、アメリカなど先進国の石炭火力発電は、中国やインドのように粉塵《ふんじん》巻きあげ、大気を汚染する老朽化した石炭火力発電とは違うのだ。

図16——横浜市磯子にあるＪパワーの石炭火力発電所を讃える東京新聞の記事

東京新聞　2011年8月26日

こちら特報部

最先端の磯子発電所ルポ

かつて地球温暖化の元凶とされた石炭火力が脚光を浴びている。全国の原発が定期検査などで次々に運転停止する中、代替エネルギーとして見直されているのだ。しかも日本の火力技術は世界トップレベルで、大気汚染物質は大幅削減され、いまや煙突からほとんど煙も出ないという。「脱原発」を進め、自然エネルギーを普及させるまでの切り札になるだろうか。最前線を歩いた。（小倉貞俊、鈴木泰彦）

石炭火力に脚光

高効率で煙なし　世界最高水準

人口約三百七十万人を擁する国際都市・横浜に、世界最先端の石炭火力発電所がある―。そう聞いて向かったのは、電源開発（Jパワー、本社東京都中央区）の「磯子火力発電所」だ。

JR根岸線磯子駅からバスで九分。根岸湾に突き出した一角に立っていたのは、しゃれたデザインの建物群だった。「発電所のイメージが変わったと、皆さん驚かれる。特に二つのセールスポイントを見てほしい」と、同発電所PR館の池杉守館長(五七)。

同発電所は一九六七年、国内の石炭産業の保護を目的に営業を開始。横浜市と公害防止協定を結び、環境に配慮した発電所として知られた。九六年からは旧1、2号機の老朽化に伴う建て替え工事を開始。二〇〇二年四月から新1号機、〇九年七月から新2号機が稼働した。

発電の仕組みはこうだ。ボイラーで石炭を燃やし、その熱で発生した高温、高圧の蒸気によりタービンを高速回転させ、電気を起こす。一日に燃やす量は約五千㌧。両機の出力は原子炉約一基分に相当する計百二十万㌔㍗で、横浜市内の電力需要の四割を賄える。

新1号機のボイラー棟に踏み込んだ途端、熱い空気に包まれた。棟に格納されたボイラーの高さはなんと百㍍。「限られた敷地を有効活用するため、上方に長くした」という日本初のタワー型ボイラーという。

棟の屋上に上がると五㌔先の市中心部が一望できた。「大都市にこれほど近い発電所も珍しい」と池杉さん。雲間に富士山も見えた。

発電所の心臓部に当たるタービン棟。タービンが回るごう音で、話し声もかき消される。池杉さんは「一つ目のポイントは『発電効率』の高さだ。石炭火力では世界最高水準の43%を誇る」と強調する。

発電効率とは、投入した燃料が本来持っているエネルギーを、どれだけ電気に変換できるかの割合。タービン内の水蒸気の温度を六〇〇度、圧力を二五㍋㍶という極限状態まで上昇させることで、一般的な火力（発電効率35%程度）や風力、太陽光（同20%以下）を引き離した。

高さ二百㍍の煙突を見上げる。石炭と言えば「真っ黒な煙」をイメージするが、煙突からは何も出ていないようだ。池杉さんは「それが二つ目のポイント、クリーン化による環境対策の徹底」という。

新1、2号機の建設時に導入した新装置で、酸性雨など大気汚染の原因となる窒素酸化物（NO_x）、硫黄酸化物（SO_x）、煤塵を、それぞれ87～99%まで除去することに成功。石炭を燃やした後に出る石炭灰は全てセメント原料として再利用する。池杉さんは「ここは最先端技術を集めたショーウインドーのような施設」と胸を張った。

磯子火力発電所

煙突を指し「有害物質を除去しているので黒い煙は全く出ない」と話す池杉さん＝いずれも25日、横浜市磯子区で

デスクメモ　日本の総発電量のうち原発が約三割を占めるが、いまや76%の原発が停止しても停電にならない。原発全廃なんてお茶の子さいさいではないか。豊かな生活ばかりを追い求めなければいいのだ。しかも日本は、火力などの発電所を世界各国に建設して友好関係を築いてきた。原発に依存する必要はない。（立）

横浜ランドマークタワーから6キロしか離れていない横浜市磯子区の大都市部に、世界トップレベルのクリーンさを誇る石炭火力発電所がある。酸性雨の原因となる硫黄酸化物（SO_x）は99％以上、光化学スモッグやぜんそく発症の原因となる窒素酸化物（NO_x）は90％以上、煤塵はほぼ100％除去されており、ヨーロッパに比べてもそのクリーンさは世界一である。

日本では横浜市磯子《いそご》にあるＪパワー（電源開発）の石炭火力発電所のように、煙も出ないほど世界一クリーンになっていることを、原発反対運動家を含めて、ほとんどの日本人が知らずに、「石炭火力は悪い」という時代遅れの偏見を持っている。日本の技術は世界一進歩しているのだよ。百聞は一見に如《し》かず、信じない人は、総人口が日本の市町村で最も多い大都市・横浜を訪ねてごらんなさい。

福島原発事故の５ヶ月後の東京新聞は、前頁のように大きな記事で石炭火力を「優等生」と讃えていたのだ。ここまでクリーンになった高度な石炭の燃焼技術は広く活用するべきであるという事実を、テレビと新聞の報道界の記者もコメンテイターも全員が知らない。原発反対運動をしている人間までもが、気候ネットワークのデマに乗せられて、この横浜市磯子の石炭火力を批判すれば、同社（電源開発）が進めてきた青森県の超危険な大間《おおま》原発の建設を後押しするという道理にも気づかないのか！　CO_2はまったく無実どころか、石炭火力はきわめてすぐれた技術になっているのだ。そうした現実さえも否定する〝エセ環境保護運動〟の言葉の暴力が、石炭火力批判なのである。

石炭火力は発電に使われるだけではない。電力だけでなく、さらに広く工業界に目を向けるなら、製鉄業の命なのである。石炭火力が使えなくなれば、溶鉱炉での鉄の精錬もできなくなる。ＣＯＰ会議に集まる中学生の知識も持たない犯罪集団が化石燃料を理由もなく憎むために、この世から自動車も鉄道もなくなるのだよ。包丁《ほうちょう》も釘《くぎ》も、家もつくれなくなって、**全世界の工業レベルがルネッサンス時代の西暦１３００～１４００年より前に戻るのだよ、ＩＰＣＣ諸君。**テレビ出演者と新聞記者たちは、石炭が「植物」から生まれた貴重なバイオマスであることも、溶鉱炉の仕組みも知らないほどの知識なら、中学に戻って勉強し直したほうがいい。自分がどのような工業社会に生きているかを知っているのであろうか。

原子力産業がCO_2温暖化説を企んだ歴史的事実

この章の最後に、なぜ人類はCO_2を悪者扱いするようになったか、というIPCC説の起源を読者に教えてあげよう。誰がこの詐欺を仕組んだか、である。アメリカの原子力産業は、1979年にスリーマイル島原発事故を起こす3年前、1976年にGE（ゼネラル・エレクトリック）の優秀なトップエンジニア3人が原発の大事故の危険性を訴えて辞職し、反原発運動をスタートした。

この3人は、のちに映画『チャイナ・シンドローム』のシナリオを書いて、すべて彼らの予言する原発大事故が的中したほど頭脳が優秀であった。3人の行動が全米に原発反対運動の流れを生み出したので、アメリカ政府の原子力委員会（AEC）傘下のオークリッジ国立研究所の前所長だったアルヴィン・ワインバーグが、原発推進にとって起死回生の策を探し始めた。ちょうど同年、スクリップス海洋研究所のキーリングらが、ハワイなどにおいてCO_2が大気中に増えている測定値を発表したので、ワインバーグがこれに飛びつき、地球の気候変動の要因のうち、複雑すぎて科学的に計算できるはずがない温暖化現象だけを取り出して誇大に喧伝《けんでん》すれば、原子力の危険性を忘れさせることが可能だと気づいて、原発推進に利用し始めたのが、ことの起源であった。つまり「CO_2温暖化説」を原子力産業の手先として育てあげ、無理を通して道理を引っ込ませようとしたのが動機だったので、今になってボロボロと大嘘が暴かれているのである。このワインバーグ所長のもとで原子力の推進本部だった「オークリッジ国立研究所」に出入りしていたのが、「地球温暖化説の教祖」アル・ゴアだったのである。

したがって、「CO_2温暖化説」を主張する人間は、全員が「低炭素社会＝原子力」の幻想にとりつかれ、原子力推進のために啓蒙活動している重大な犯罪者たちである。

若者の将来を最大の危険にさらしているのは温暖化ではない！　全世界の原子力発電所から日々発生している天文学的な量の高レベル放射性廃棄物なのである。原発を運転しているすべての国で、その高レベル最終処分場も決められないまま、着陸する飛行場もなく飛び続けている産業が原発だというのに、そうした悪質な原発シンジケートの罠に落ち、地獄に向かって行進させられ、温暖化論で墓穴を掘る若者が哀れに見えてならない。

天は、地球の気候の変動を決定する権利を、これら知識の浅い人間には与えていない。天才スヴェンスマルクが言っているように、人類の未熟な知識では、これから地球にどのような天変地異が起こるか、誰にも分るはずがない。ＮＡＳＡ（アメリカ航空宇宙局）をはじめとして、宇宙物理学者には「寒冷化」を予測する人が非常に多い。もっとはっきりしているのは、日本人が３・11東日本大震災を予期できなかったように、これから巨大地震が発生することである。

第２章　最近〝異常〟と感じる現象は、本当に異常なのか

異常気象が続くと言われる原因を探る

ここまで、CO_2は無実だとする科学的な数々の事実を示したが、それでも大半の読者は、私の説明に納得せずに首をかしげているはずである。なぜなら「新聞に真実が３パーセントしか書かれていない世の中」で、テレビ報道ではもっとひどく、１パーセントにも満たない真実しかないからである。そして多くの人は、最近の日本には、異常気象が続いていると感じているからである。

つまり、「CO_2が気候変動に無関係ならば、最近特に、日本で多くの人が異常気象が続いていると感じる理由は何なんだ」という疑問をあなたが抱くのは、普通の人間として正常な感覚である。気象に関する私の疑念も、そのような一般の人とまったく変らないところからスタートして、みなが「異常気象だ」と言う原因は何だろうと、謎を解き始めたのである。

そしてこれから先が、読者と私の違うところである。

まず、「異常気象が続いている」という常套句《じょうとうく》が、間違いである、ということを、先に言わなければならない。これまで述べてきたように、報道に疑いを持つことが最も重要であり、世に言われていることに疑いを持った私は地球の気温について気象庁データを調べて、先のように正確なグラフを描いてから、世間の人間が何を騒いでいるかを考えたわけである。その後、ＣＯＰ25の国際会議騒動の前、２０１９年10〜11月に、オランダ、フランス、ドイツで膨大な数の農民が〝ＩＰＣＣ系のいわ

ゆる環境保護運動の活動家（自称エコロジスト）〟に烈しい怒りをもって数千台のトラクター・デモをおこなっていたことが、日本ではほとんど報じられなかった。オランダは国土の4分の1が海面より低いので、地球温暖化にはデリケートな国民なのに、である。しかし私は農業体験者であり、76歳にもなっていたので、トラクター・デモ参加者が最高の知恵者に見えた。都会人がデマと噂に踊らされやすいのと違って、農民は、動植物と毎日付き合っているので、凶作と豊作について、過去の山のような出来事を深く記憶し、気候の変化に関して、比較的冷静な判断ができるからである。私が１９７０年代に畑仕事をしていた当時は、農業日誌をつけながら、「日本人は、昔から起こっている気候の変化に騒ぎすぎる。平年並みという年は一度もないのに、猛暑だ、酷寒《こっかん》だと騒ぐ」と書き記していた通り、テレビと新聞の都会人のデマに踊らされて騒ぐことは、今に始まった習性ではない。

山火事が多発しているというCO_2危機説は嘘ばかり

最近の一例として山火事を考えてみよう。２０１８年11月のアメリカ西部カリフォルニア州の山火事が、「同州の山火事で史上最多の犠牲者を出した」ことをもって、温暖化が原因だと騒ぎ立てる人間がゾロゾロ出てきたので、この現象について解説すれば理解しやすい。

山火事は、ニュースの映像で見ればいかにも暑そうな出来事なので、日本では温暖化による異常現象だと騒ぎ立てるが、それは自然界を知らない都会人のシロウト考えであって、山火事は植物の再生に必要な自然現象なのである。カリフォルニア州は大きな植物帯が存在するので、落雷によって森林火災が起こるのは自然で、夏に山火事が発生するのは毎年のことだ。２０１８年は秋に入っても雨が少なく、そこにたまたま電力大手「ＰＧ＆Ｅ」社の送電線の火花から山火事が起こったので、例年以上に燃え広がったのである。近年に人口が増加したカリフォルニア州では、１９９０年代以降に新たに建てられた住宅の6割が山火事の発生しやすい場所にあるので、そこでの人口が増えて、数字の上で犠牲者が多くなっただけである。

一方、共和党のドナルド・トランプ大統領が「CO_2温暖化説を信じない」と発言してＩＰＣＣのパリ協定から脱退したので、民主党の太鼓持ちで、トランプ嫌いの俳優レオナルド・ディカプリオらが、「カリフォルニア州の山火事は温暖化が原因だ。トランプが悪い」と騒ぎ出し、政治問題にしたことが、そもそもの騒動の原因であった。

しかし28~30頁に述べたように、もともとアメリカの科学者の大半は、民主党のビル・クリントン大統領の時代から「CO_2温暖化説は根拠のないデタラメである」と全米の物理学者、地球物理学者、気候学者、海洋学者、環境学者、実に3万人以上が、数々の科学的な事実を示して「温暖化説は詐欺だ」と主張し、公式に署名までしていたのだから、これはトランプ大統領の問題では、まったくない。ディカプリオの頭が空っぽなだけである。

最近のアメリカで山火事が増え、大災害化している、と温暖化説に便乗して騒ぐ人間が多いが、これはまったくの大嘘である。近年１９８８年のイエローストーンの山火事は焼失面積１５８万エーカーを記録して温暖化のせいだと言われたが、それよりはるか昔の１９１０年の山火事（Great Idaho wildfire）ではその2倍の３００万エーカーが焼失している。アメリカ合衆国火災局の報告書によれば、19世紀の１８９４年の山火事（Wisconsin wildfire）で数百万エーカー、１８７１年の山火事（Peshtigo wildfire）で３７８万エーカーと、はるかに大規模の山火事が頻発した。ところが、大騒ぎした２０１８年11月のカリフォルニア州の山火事は、鎮火後のロイター・ニュースによると、それらの数十分の１のわずか15万エーカーだったのである。【これら過去の山火事に関しては、“October 2000, Wildland Fires: A Historical Perspective”の報告が正確な数字である。「CO_2温暖化説」に毒されている“Wikipedia《ウィキペディア》”の数字は間違えているので注意。】

２０１６年5月のカナダ・フォート・マクマレーの山火事は、カナダ史上最大の被害総額

８０００億円をこうむった〝メガファイヤ（巨大火災）〟と呼ばれながら、火災面積は１２０万エーカーであった。

２０１９〜２０２０年にオーストラリアで広がった森林火災（いわゆる山火事ではなく、あちこちが小規模に燃えるブッシュファイヤ bushfire と呼ばれる現象）は、エルニーニョやラニーニャと似たような「インド洋ダイポールモード現象」と呼ばれる海洋異常がもたらした「オーストラリア大陸全土の高温」が原因だから、CO_2はまったく無関係である。だが、この〝海の異常〟が発生する正確なメカニズムは謎に包まれているので、この原因については後述する（67頁）。

熱帯雨林の森林火災も増えているが、原因は、全世界が石油系の化学合成洗剤や化学油を嫌って、植物を原料とするパーム油を大量に使うようになった「自然物嗜好《しこう》」のため、赤道に近い熱帯雨林地方でその原料のアブラヤシが栽培され、マレーシアとインドネシアが、世界の生産高の９割を占めることにある。インドネシアでは、スマトラ島の熱帯雨林がこのアブラヤシの巨大なプランテーション（集中的耕作）のために次々と平地化されている。ところがここの土壌が泥炭《でいたん》湿地であるので、アブラヤシ栽培のために排水すると、泥炭は石炭の一種であるから、乾いて非常に燃えやすくなり、野焼きの小さな火で簡単に森林火災が誘発されてきたのである。

ブラジルなど南米でも、熱帯雨林を平地化する工業開発・商業開発のために広く野焼きがおこなわれ、その火が原因で森林火災が急増しているのだ。この責任者は、熱帯雨林の開拓を奨励するブラジル大統領ボルソナロたちである。つまりこれらの火災は99パーセントが森林を平地に変えるための人工的な火災が原因であって、CO_2は、まったく関係がないことを、地元の人間全員が知っている。以上のように、それぞれまったく原因が違う火災をまとめて「山火事が増えている」と叫んでCO_2危機説を吹聴している人間は、悪質なＩＰＣＣ系狂信者集団である。

異常気象でないものを異常と呼ぶのは新興宗教である

そのほか、地球温暖化の影響だと騒いできた「ゲリラ豪雨の増加」など日本の都会人が驚く異常気象は、都市への人口集中によるヒートアイランド現象と高層ビルが原因であり、前掲の『二酸化炭素温暖化説の崩壊』に、東京・大阪・名古屋などで都市熱が増加してきた歴史的なメカニズムをくわしく記述してある。このヒートアイランドに対する真剣な対策をまったく議論しない日本は、おそるべき野蛮国である。

「海面水位の変化」は、島嶼《とうしょ》地域（島国）に顕著な現象であって、地球の表面を覆っている地殻の変動が主な原因である。したがって、地震発生と密接な関連を持っている。一例として１９２３年の関東大震災（関東大地震）では、房総半島南端が4メートルも高くなり、丹沢山地が１メートル低くなった。この数字は、現在ＩＰＣＣらが騒いでいる海面水位の１００年後の予測とは比較にならない、メートル単位の巨大な変化である。島国の日本は、３・11の東日本大震災で太平洋岸が海に引きこまれ、宮城県石巻《いしのまき》で１メートル以上も沈下するなど、三陸海岸線の面積が大きく減少したことを忘れてはならない。報道が騒ぎ立てる〝温暖化による海面上昇〟のＩＰＣＣ予測の数字は、実はホラ吹きが騒ぐ当てにならない〝最大値〟であって、予測の〝最小値〟は、たった20センチメートル前後の海面上昇でしかない。この予測については、前掲の『二酸化炭素温暖化説の崩壊』にＩＰＣＣが作為的なキャンペーンをおこなってきた実態を証明してある。

アラル海の消滅危機のような「砂漠化」は、ソ連時代のような農業用の大量取水や、中国での巨大ダム建設など、つまり人為的な大規模の機械土木作業が原因なので、温暖化もCO_2も無関係である（これも※集英社新書に実証してある）。

「野生生物の減少」は、農地転換や燃料材の採取など商業を目的とした山林の樹木伐採と、山野での道路建設が、ほとんどの原因であり、残りは密猟なので、温暖化もCO_2も無関係である。われわれが山岳地帯の美しい観光地でドライブする〝○×ライン〟と呼ばれる道路の敷設が、野生生物にとっておそらく最大の棲息域の破壊行為であろう。

「野生の昆虫類の減少」は、農薬と除草剤と化学肥料の撒布と、河川の護岸コンクリート化が、ほとんどの原因なので、温暖化もCO_2も無関係である。

こうした個々の原因を科学的に解析して、それぞれ別の適切な対策をとることが必要なのである。かつてわれわれ高齢者が体験した1960～70年代の日本の大公害時代には、有害物質をまとめて公害と呼んだが、水俣病は「有機水銀」が原因で、イタイイタイ病は「カドミウム」が原因なのだから、まとめて「環境」や「公害」と呼んで抽象化しては解決されないことを知っている。現在では、それをまとめて無関係のCO_2のせいにするため、被害を拡大しているのが危険なIPCC一派である。

地球全体を観念的にとらえる根拠のないデタラメの「CO_2異常気象説」を大声でしゃべり、このIPCC解説を吹聴するテレビ・新聞と、それに踊らされる大衆を観察してきた私が、彼らを「新興宗教」と呼んできたのには、理由がある。読者は、星占いや血液型の「性格占い」をご存知だろうし、ひょっとすると読者もあれを信じることがあるに違いない。その人間の心理と、IPCC説が、そっくり同じである。「星占い」や「血液型」による性格占いを考えついた〝占い師〟は、実にうまいことに気づいたものだと思う。なぜなら、十二星座の水がめ座、獅子座、さそり座……、あるいは血液のA型・B型・O型……などに振り当てられた人間の異なる性格は、「おおざっぱ」であれ、その正反対の「デリケート」であれ、実は、すべての人間が誰でも内に持っている性格だから、どれを言われても、必ず「当たる」ようになっている。そして「あなたは……だ」と言われると、「自分はそういう性格だ」と思いこむ。天変地異も同じで、台風・ハリケーン・山火事・竜巻・猛暑・酷寒・豪雪・暖冬・洪水・旱魃《かんばつ》……といった天変地異は、世界中で毎年「四季の変化」と共に必ず起こっているので当たるに決まっている。国家予算を奪い取るのが商売のＩＰＣＣの占い師と御用学者が、ＳＦ小説をまねて「世紀末に異変が起きるぞ！」と叫ぶので、多くの人間が「こわい」と思いこまされてきたのだ。しかしＩＰＣＣの占いには、宇宙物理学者が予測する「寒冷化」が入っていない。２００９～２０２０年にかけて10年以上続いてきた「世界的な厳冬」は、予測が全部外れているのだ。こんなオカルト小説を鵜呑みにして間違いだらけの対策費で税金を巻き上げられるのは、振り込め詐欺に引っかかる人間と同じで、新興宗教の狂信者だと言っているのである。

冷静な人間であれば、江戸時代１７８０年代の天明《てんめい》の大飢饉、１８３０年代の天保《てんぽう》の大飢饉のすさまじい歴史を思い起こし、現代に起こっている天変地異は、地球上で何度もくり返されてきた出来事であると知っている。昔から悲惨な自然災害は起こってきたし、勿論これからも起こる。現地を歩いて調べない自称「エコロジスト」たち都会の「ＣＯ$_2$温暖化教」狂信者が、天変地異をまったく罪のないＣＯ$_2$になすりつけている。

ＣＯ$_2$温暖化説が犯罪の領域に入ってきた

一方、まともな科学者たちで、ＣＯ$_2$温暖化説が科学的にまったく根拠のない仮説だと知っている人は非常に多いが、彼らも「石油・ガス・石炭の過剰な使用を抑制する」ことが資源保護のためになるならと、この誤った仮説を黙って見過ごすことがここ20年ほどの慣例になってきた。私自身も、ドイツ人の自然保護運動に対して、彼らが「ＣＯ$_2$批判」と同時に「原発反対運動」をおこなっていたので、誤ったＣＯ$_2$温暖化説を黙認してきた。しかし現在では、ＣＯ$_2$温暖化教の政治的な活動が狂信的になって、「危険な原発推進論」の復活と、無理な「自然エネルギー拡大利用論」にまで誇張され、挙げ句の果てに、「地球温暖化対策を急いでとらなければならない。ＣＯＰだ。自然エネルギー普及だ」と叫んで、メガソーラーと風力発電で森林伐採の自然破壊に熱中し、野生動物を棲息できないように追いつめるところまで逆走しているので、自然破壊者たちを黙認できない。特にＣＯ２対策として、大量の電力消費をもたらす電気自動車を掲げる愚か者が増大している。それと同時に、ＡＩ（人工知能を使うロボット化）による電化普及論が、〝電力の消費量〟を激増させようとしている今、彼らの暴走は、見過ごしてはならない犯罪行為である。これらエネルギー問題の解決策は、前掲の『二酸化炭素温暖化説の崩壊』に、①毒物を排出しないこと、②無駄な熱を排出しないこと、③機械的な自然破壊行為をしないこと、を三原則として、具体的に提言してあるので、本ブックレットではこれ以上の重複は避けることにする。

昔のほうが台風はすさまじかった――最近の台風と水害は異常気象ではない

気象の変化に対する知識としては、高校や大学に進学した時、文科系であるか理科系であるかは、まったく関係ない。ここまで述べたような最低限の中学生レベルの理科を理解できれば充分である。しかしそのほかに、先ほど「人間の体験を持たなければならない」と書いたように、歴史的な知識（歴史を調べようとする好奇心）が必要になるのである。私に比べれば若すぎて人生経験が足りないことが、多くの人間がこの問題で誤りを犯す共通項である。異常気象（と呼ばれている出来事）は、本当に最近になって始まり、続いている現象なのだろうか？　答は、「そうではない」である。

日本人に最も分りやすい台風を例に引こう。２０１８年9月に風速58メートルを超えた関西の台風は、当時75歳の私が住む東京でも強大な台風だと感じてこわかったのは、事実である。ところがそれは東京の台風が久しぶりだっただけで、過去を忘れていただけのことである。２０１９年の台風19号も各地の洪水で大被害を出した。私は若い頃に畑仕事をするつもりで長野県富士見町の田舎に小さな土地を買っておいたので、台風19号が襲ってきた時、その山中の自宅にいた私自身も中央線の崖崩れでしばらく東京に帰れなくなった被害者だが、その富士見町で中央線を襲った大規模な崖崩れは何十年か前にも体験していたので、「日本の鉄道は、どこでも無理な所に敷かれているから崖崩れは当然だ」と知っているから驚かなかった。

私が高校時代は、それどころではなかった。ほぼ60年前の伊勢湾台風（１９５９年９月21日〜27日）は、死者・行方不明者が５０９８名であり、思い出すだに本当にすさまじい台風であった。青木理のような知性的な人間でも「温暖化」を口にするが、彼にこのような昔の台風の記憶がまったくないことが、〝**現在は異常気象の連続だ**〟と思いこむ動機になってしまうのだ。われわれ高齢者の記憶に基づいて言うなら、「現在の気候ばかり言う奴は、おっちょこちょいである。歴史を知らずにテレビでしゃべる人間は、気候も山火事も解説する資格はない」と叱りつけたくなる。

台風の強風の記録では、東京オリンピックの翌年、１９６５年９月に発生した台風シャーリーが、９月10日に四国・高知県の室戸岬《むろとみさき》に上陸して「**日本観測史上最も強い最大風速**」69・８メートルを記録した。翌年１９６６年９月に沖縄の宮古島《みやこじま》に大きな影響を与えた台風18号（第２宮古島台風）が、９月５日に宮古島で「**最大瞬間風速**」85・３メートルを観測し、２０１９年までの「**日本の観測史上1位の台風記録**」である。私には85・３メートルの風は、おそろしくて想像したくもない（富士山では１９４２年に日本の最大風速、１９６６年に最大瞬間風速を記録しているが、それは富士山が高いための強風であって、台風とは無関係である）。

ところが、いま紹介した過去の１９６５〜１９６６年のとてつもない台風のおそろしい大記録が、不思議なことに、私が先に示した図１（13頁）の気温グラフの通り、有名な「**地球の寒冷期**」の出来事なのである。われわれ人間の抱く先入観は、奇妙だと思わないだろうか？　温暖な気候かどうか、という地球の条件と、台風の脅威は、直接には関係のない現象なのだ。

中年以下の若い世代の日本人は、CO_2温暖化の異常気象が、２０１８〜２０１９年の水害と台風をもたらしたと思いこまされてきた。それは、現在のテレビ報道界には、ほんの半世紀前の出来事を記憶している人間さえほとんどいないために、体験の浅い（その上、史実を調べない不勉強な）気象庁の係官が大袈裟に叫ぶようになり、科学的に根拠のない噂話を広めてはしゃぐ「気候ネットワーク」がテレビ・スタジオで解説することが、平気でまかり通っているからである。

寿命がわずか80～100年しかない人間の記憶なんて、私が調べてきた1000年、2000年、1万年単位の地球の気候変動史から考えればほとんど意味がないものだ。ここまでに挙げた1960年代のすさまじい台風記録は、明治時代以降に〝気象学的に観測された記録〟、つまり短期間の記録なのであって、その前に遡《さかのぼ》ると、1828年9月17日（和暦8月9日）に、北九州に空前の巨大台風が襲いかかった。1828年というのは、江戸時代の文政11年、将軍・徳川家斉《いえなり》の治世である。これが「子年《ねどし》の大嵐／シーボルト台風」と呼ばれ、北九州全体で1万9000人の死者を出し、**〝現在まで日本史上最大の台風被害記録〟**なのである。明治時代より前の、このような江戸時代の出来事には、気象学的な観測記録さえないのだから、最近の短期間の出来事を騒ぎ立てるのは、気象の専門家ではないのである。

誇大な気象用語で危機を煽ることは、テレビ報道も気象庁も控えなければならない

しばしば豪雨や台風のニュースで気象用語として使われる〝記録的な〟という脅し文句の形容詞を聞くと、テレビ視聴者は顔色を変えるほど驚かされるが、〝的〟というのは〝過去の記録より小さい〟という意味だから驚かなくてよい。過去の記録も大半は、半世紀の短期間のものにすぎない。

テレビと新聞の報道界が、視聴者や読者に「これはニュースだぞ！」と、目を向けさせるため、ニュースの常套句として「こんなことは初めてだ」と、被害者に言わせることがしばしばある。しかしそれは「その人にとって初めての体験」にすぎないので、気象学的には何の意味もない。ほとんどすべての大災害や大事故は、被害者にとって初めての出来事だ。

また「100年ぶりの出来事」といった表現は、「100年前の大昔にもあった」という意味なのである。たとえば「2019年7月にはパリで42・6℃になり、最高気温を更新した」と報じられたが、1947年以来72年ぶりだというから、72年前にもパリは高温だったのである。また、つい最近、中東の砂漠地帯で豪雨があり、例によって「温暖化による異変だ」とテレビが騒ぎ立てていたが、1971年に私が初めてイスラエルに行った時には、100年ぶりの豪雨だ」と地元の新聞が大きく報道していたから、19世紀の大昔、1871年にも砂漠地帯で豪雨があったのだ。

2013年9月に、福井県を襲う豪雨を気象庁の係官が予測し、「**今まで体験したことがない豪雨がくる**」と、テレビで警告した時には驚かされた。その時、私は偶然にも原発反対の集会と講演のため福井市にいて、時間があったので歴史博物館を訪れ、過去1965年の寒冷期に福井県を襲ったすさまじい集中豪雨災害の実録ニュース映画フィルムを見ていた。その実写映画に比べて、目の前の豪雨がまったく大したことはないのに、気象庁が「今まで体験したことがない」と大嘘を騒ぎ立て、テレビ報道が一緒に騒いでいたのである。その後も気象庁は、面白がって「**今まで体験したことがない**」と連発するようになり、そのたびに予測が外れているが、テレビに出てくる気象庁の係官全員が40～50代の年齢層で、「本人が体験したことがないだけ」なのだから、このように青臭い未熟な体験談を話すのはやめなさい。嘘が続くと、本当にあぶない時に、誰も信用しなくなるよ。

地球が寒い時に台風が最多で、地球が暑い時に台風が最少だった

そもそも2018年からテレビ報道で大騒ぎしてきた「温暖化で台風が増えた」という文句は、まったくの大嘘である。1951年以後の毎年の台風の発生数は、次頁の図17の気象庁データ・グラフの通り、1960年代の寒冷期に比べて、むしろ減少する傾向にあることは、誰が見てもすぐに分る。1967年は、「地球が極端に寒冷化した時期だった」のに台風が最多の39回だったのである。台風

図 17――気象庁データが示す戦後の台風の発生数（1951-2019 年）

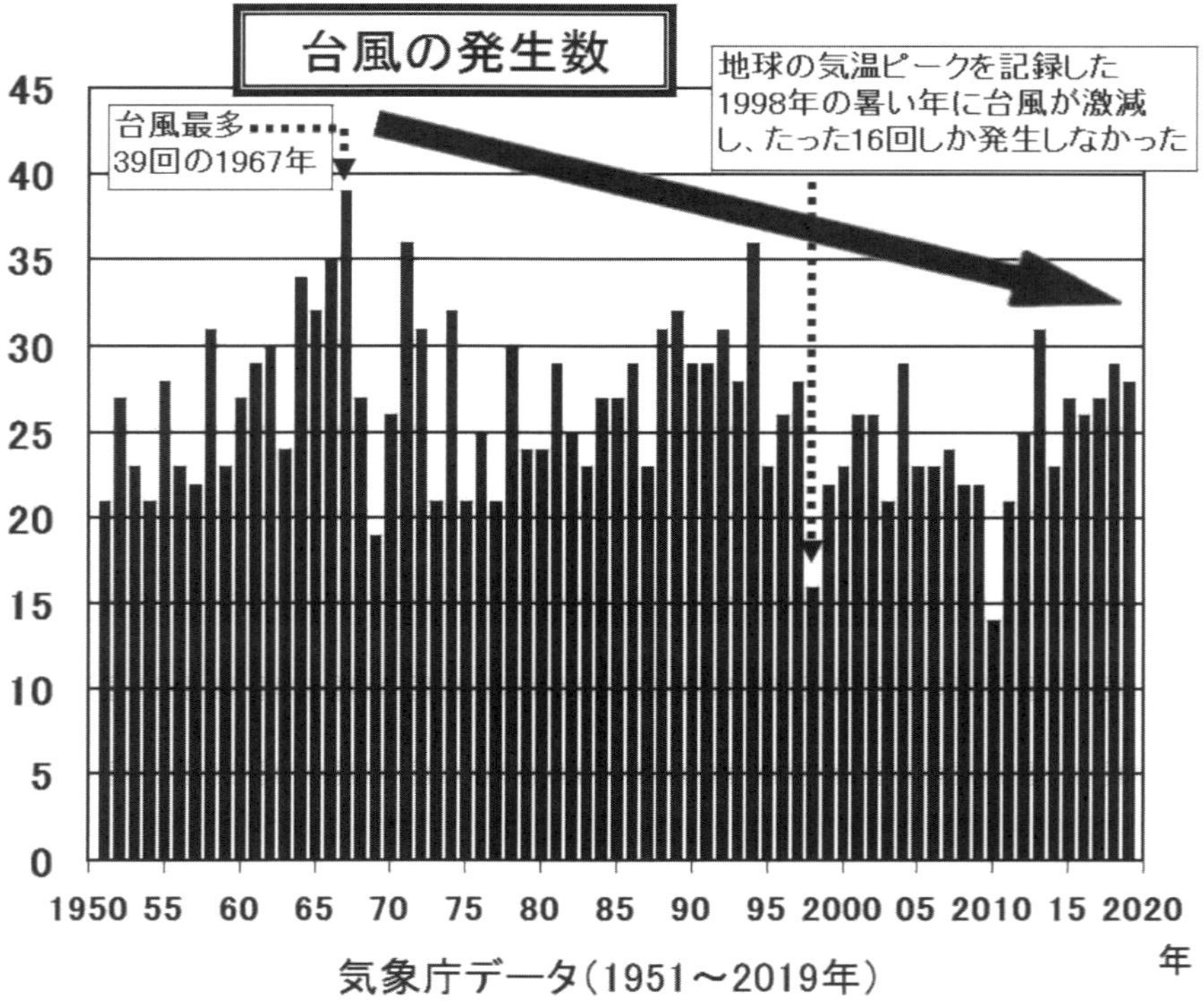

は、それ以後、2019年まで増えていないのだ。

一方、13頁の図1の通り、1998年に地球の気温ピークを記録したが、この暑い年に台風が激減して、たった16回しか発生しなかったのだ（グラフ右側の点線部）。

地球が寒い時に台風が最多で、地球が暑い時に台風が最少だった！ こんな気象学的な事実も知らずに「温暖化で台風が……」と騒がぬよう、テレビ報道に登場する全ホラ吹き解説者とコメンテイターたちに言っておく。

2018年7月に西日本で多くの死者を出した大水害は、「日本近海の海水温度の上昇」と、「上空の高気圧の配置」と、「インド洋からの季節風が例年以上に強く吹いた気象条件」などが組み合わさった結果なので、気象学的には異常気象ではなかったのである。

広島県や岡山県で水害の被害者があれほど多くなり、痛ましい結果を招いた原因は、テレビ報道では誰も言わなかったようだが、自然災害の豪雨そのものより、カリフォルニア州の山火事同様、山間の無理な住宅地開発と、川の氾濫を予測できない治水対策の不備にあって、いずれも人災の面が強かったのである。日本では、山林を無理に切り拓《ひら》いて宅地にする無責任な不動産業者が多いので、私から見て、まったく危ないところに家を建てている。ところがテレビ報道では、宅地を購入した被害者を批判できないので、「温暖化で台風が増えた」というデマに、被害原因を押しつけているように見える。本来は、この機会に、どのようにして森林を保護するべきかについて議論しなければならないのだ。山林は、一本ずつの樹木の根が少量ずつの水を吸い取って、洪水被害を未然に防止するので、〝緑のダム〟と呼ばれることを忘れてはならない。メガソーラーなど言語道断だ。

2019年10月の台風19号による千曲川《ちくまがわ》など各地の堤防の決壊は、頑丈に見える堤防が、実は、「水位の高い部分が水をはね返すコンクリートなどの遮水《しゃすい》構造になっていないために、河川の水が直接、堤防の〝土〟に接して崩れた」からであると指摘されている。土に水がかかれば簡単に崩れるよね……

こんなことは、海辺の子供の砂遊びでも分ることだ。それほどひどい工事しかしていない堤防のために起こったというのである。信じられないことだが、もし堤防が頑丈になれば、上流にダムが不要になるので、そのダム建設利権のために、手抜きをしてきたようだ。

日本の最高気温記録が更新されるのはヒートアイランドが原因である

そうした２０１８～２０１９年の数々の出来事のうち、読者が誤って地球温暖化説と結びつけやすい現象として、ここで説明する必要があるのは、**埼玉県熊谷《くまがや》市で２０１８年7月23日に「41・1℃の日本の最高気温記録を更新した」**ことと、**「台風の発生域である日本近海の海水温度が上昇した」**ことの原因である。なぜなら、この2つは、科学的な事実だからである。

埼玉県熊谷市は過去にも日本最高気温を記録している高温都市だが、最近の日本における高温記録は、最も暑くなるだろうと想像しやすい人口密集地の東京都心ではない。不思議なことに、高温記録は、ほとんどが岐阜県・山梨県・埼玉県・群馬県など内陸の山間部である。なぜ山間部の都市が高温になるのだろうか？　これは近年、東京など首都圏の中心部の大都市に人口が集中したため、「人工的ヒートアイランドの熱のかたまり」が生まれ、それが風に乗って内陸に運ばれ、地方の大都市を通るうちにどんどん加熱されることによって、山間部の都市に高温が生じる現象の結果である。

改めて、ヒートアイランド現象が起こる科学的な理由を説明する。先に述べたように、水の熱容量（比熱）が大きいのに対して、都市を埋めつくしているコンクリートやアスファルトの熱容量は非常に小さい。したがって、森林を伐採したり、美しい沼地を埋め立てたり、道路をアスファルトで敷設してコンクリートのビルを建てるたびに、地表の熱容量がどんどん小さくなって熱を保持できなくなる。その結果、直射日光を受ける地表面の温度は上昇しやすくなり、その上にある大気の温度も上昇する。これが、エアコンや自動車の排気ガスから出る熱によって、都市のヒートアイランド現象を加速する根本的な原因なのである。

したがって、地球の気候変動とはまったく関係がないので、最高気温の更新には、驚かなくてよい。現在のように大都市への人口集中が加速され、それによる都市化が広がってヒートアイランドが続く限り、日本の最高気温の記録更新は、今後も続くことは間違いない。

この都市熱は、以前は「小さな島状の都市熱」だったので「アイランド（島）」と命名されたが、現在では広域の「**ヒートエリア**」に拡大し、狭い日本では、この都市熱による影響を受けない土地がまったくなくなり、ヨーロッパでは氷河に都市熱が達している。何度でも言うが、地球全体の温室効果と、ヒートアイランド現象は、科学的にまったく異なる現象なので、テレビと新聞の報道界は、両者を「温暖化」の言葉でくくってはならない！　新聞を見ていると、記者たちが「暑い日が増えた、温暖化だ」と騒いでいるが、騒ぐ前に、日本と地球全土の都市化を防ぎ、大都市における熱の発生を断たねばならないのだ（※新書）。

気温上昇ではなく、海水温度が上昇する原因は地球の内部構造にある

以上数々の理由を述べたように、CO_2による気温上昇説が科学的に大嘘であることは分っている。一方、「**台風の発生域であるフィリピン海などの日本近海の海水温度が上昇した**」という事実に、私は特別の関心を抱いている。なぜなら、大気の温度変化は、スヴェンスマルクが実証したように宇宙が変える要素が強いのに対して、海の温度変化は、地球内部のマグマ熱が変える要素が強いと考えられるからである。

海に関するこの現象について、私の科学的な考察は、以下の通りである。

ニュース解説者が言うように、「海水温度の上昇が、風水害と台風を増やしている」と仮定した場合、海水温度が上昇した原因は何であろうか？

日本の場合、「大地震」が起こる時期には、地球表面を覆っているプレート、つまり陸地を形成する岩板が激動するので、プレートとプレートがぶつかっている境界付近の海底で、地球の内部からマグマの噴出が誘発される。これは火山が噴火する時のマグマ噴出と同じ現象だが、少量ずつのマグマ噴出であれば、海底なので人間は気づかない。日本列島では、西日本がユーラシア・プレート上にあって、その西日本の地下にフィリピン海プレートが潜りこんでいる。その動きが、静岡県から紀伊半島・四国・九州まで、日本列島の半分を揺るがす南海トラフの巨大地震（東海地震・東南海地震・南海地震）を、今にも起こそうとしている。

したがって、「大地震が誘発されるこのような時期」に、プレート境界の「海底」で高温のマグマがブクブクと噴出することになる。そうなれば当然、海水温度が上昇する。こうして大地震と共に、〝台風の発生源であるフィリピン海〟の海水温度が上昇するので、豪雨や台風が発生しやすくなる。つまりIPCC集団の詐欺師たちがふりまく根も葉もないデマ――「CO_2温暖化」が原因ということはあり得ないので、**大地震の予兆として、大地震と並行して海水温度が上昇するのである**。

この現象に私が気づいたのは、2004年であった。この年の6月から10月にかけて、日本に上陸した台風の数が観測史上最大の10回と、次頁の図18のグラフのように異常に増えたのである。台風の日本上陸数は、ゼロの年もしばしばあり、グラフを見てもまったく気ままで規則性はない。だが、この年には、体験の豊かな高齢者であっても、誰が見てもグラフの通り異常であり、記録的ではなく、**群を抜く戦後の史上最多記録**であった。

実はこの年には、7月13日頃、新潟県と福島県が豪雨による大水害に襲われ、続いて10月23日には新潟県中越《ちゅうえつ》地震が起こって山古《やまこ》志村《しむら》（現・長岡市）が甚大な被害を受け、新幹線が初めて脱線し、新潟県が「水害と内陸地震の連続災害」に遭った年であった。

友人が被害に遭ったので、私はその原因が気がかりになって、色々考え、台風発生源であるフィリピン海の海水温度を調べてみたところ、温度が異常に高くなっていた。「ひょっとして！　フィリピン海の海底マグマが噴出して海水温度が上り、大水害と地震が誘発されたのか？　そうだとすると、これは今後の大地震の予兆ではないのか」と内心で案じていたところ、その悪い予感通り、年末12月26日にフィリピン海プレートに隣接するオーストラリア・プレートが動いて、インドネシア・スマトラ島沖で**マグニチュード9・3の超巨大地震・巨大津波**が起こって、20万人以上の死者・行方不明者という大悲劇となった。3・11東日本大震災の10倍以上の犠牲者を出したのである。

続いて、その4年後の2008年5月2～3日にかけて、**ミャンマーを巨大サイクロンが直撃**して10万人以上という大量の死者を出した。その時にも、直後の5月12日に**中国の四川《しせん》大地震**が起こって、死者・行方不明者が9万人近くに達した。サイクロンは、インド洋で発生する台風の呼称である。したがって、いま述べたのと同じ海底マグマが噴出したメカニズムで、インド洋に巨大サイクロンが発生した時期に、インド洋からの力を受ける

図18——気象庁データが示す戦後の台風の日本上陸数

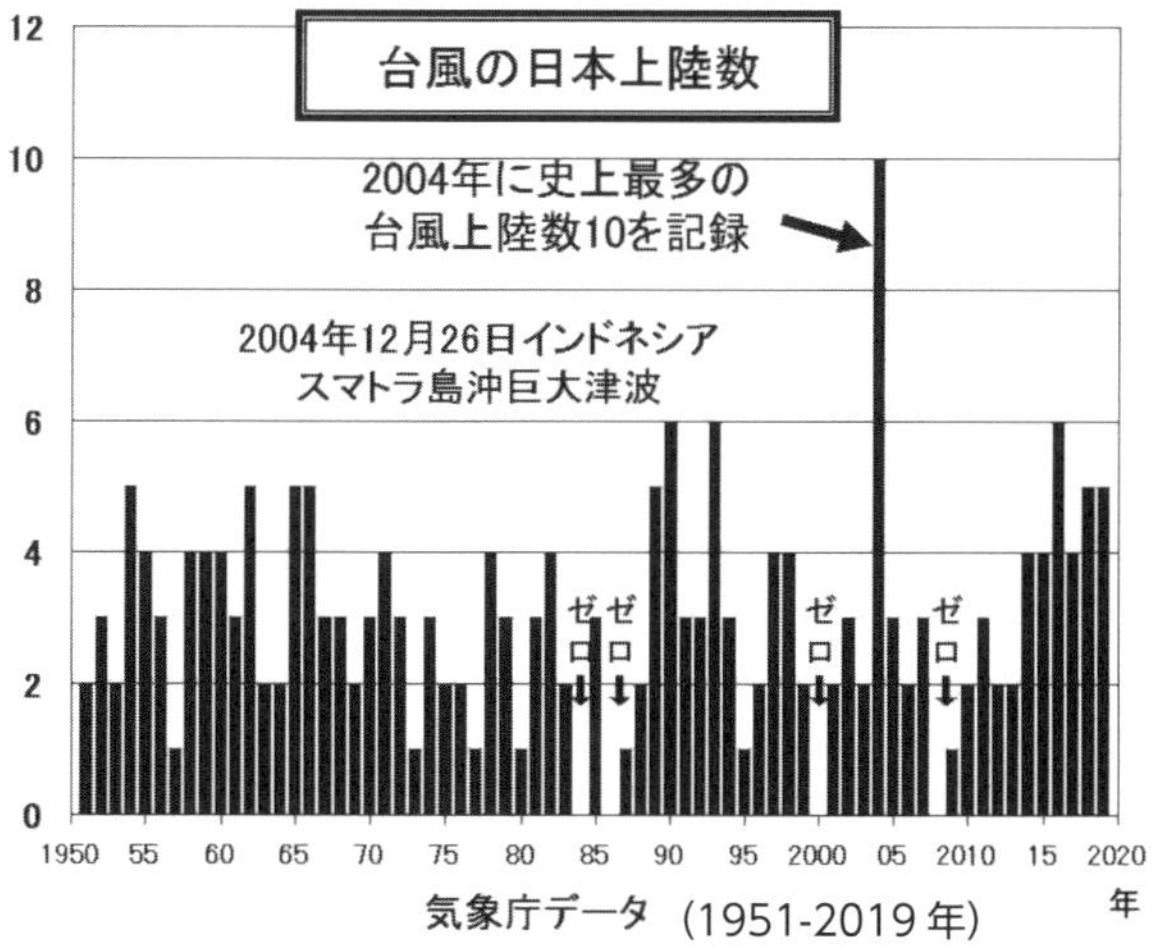

図 19――台風やサイクロンの発生域と大地震の発生域の相関性

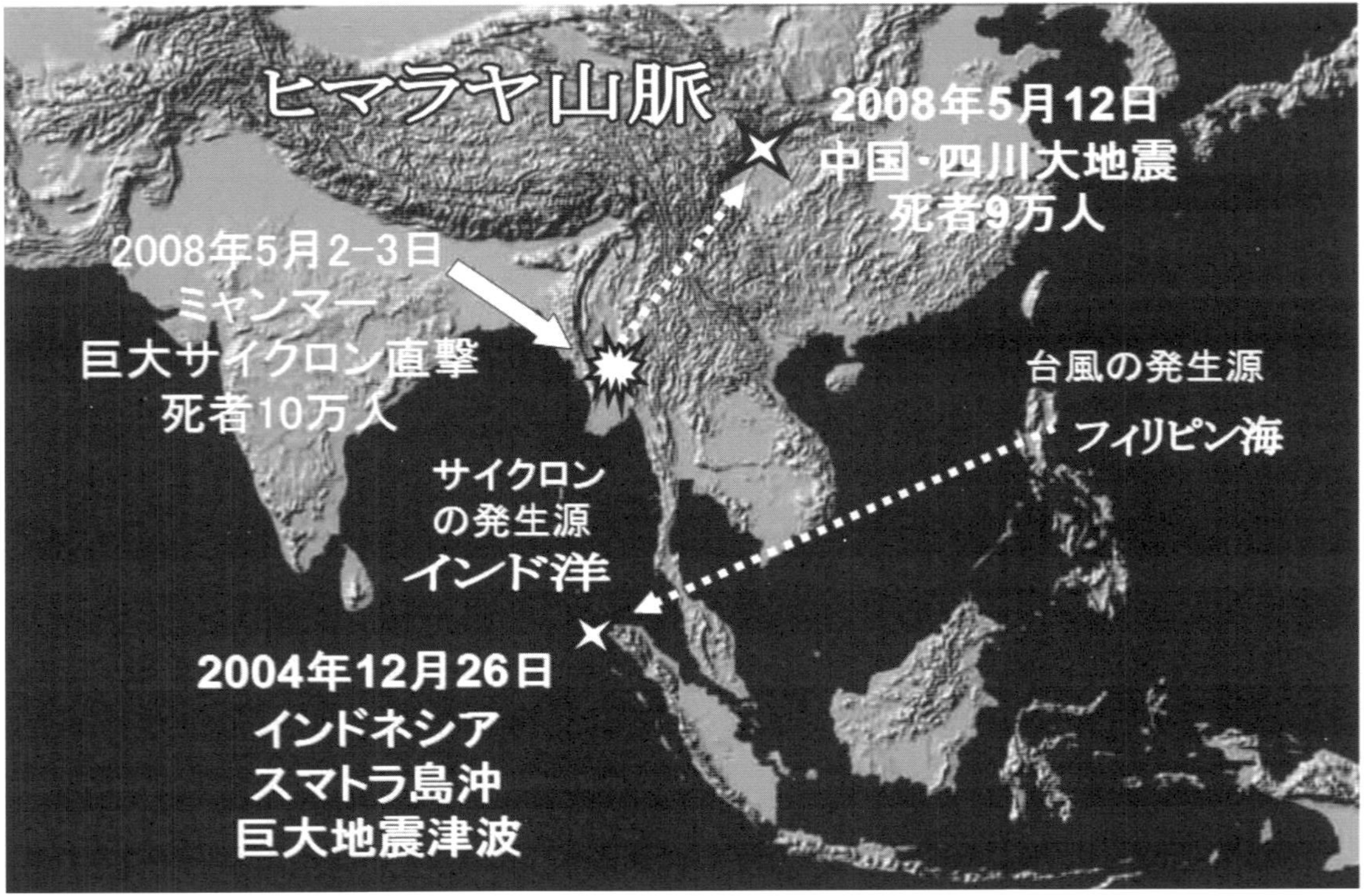

ヒマラヤ東部の中国・四川省に、図19のように大地震が誘発されたと考えられる。この地方に世界最高峰エヴェレストなどのヒマラヤ山脈が生まれたのは、インド亜大陸が海を北上してユーラシア大陸に激突した力、つまり地震を起こすプレート移動の力によるからである。

このように、「台風・暴風・水害」と「大地震」の発生のあいだには明らかに、地球の内部構造に起因する相関性がある。

つまり大地震が誘発される時期には、「海底のマグマ噴出」⬇「海水温度の上昇」と相関性があり、**日本近海の海水温度の上昇は気候変動ではなく、大地震の予兆である**。このように考える地震学者が、世界中で私のほかに誰一人いないのは不思議なことである。その原因は、それが確実に起こる現象ではなく、必ずしも起こると断言できないから、地震学者はこわがって発言しないのである。つまり最近の人類は「**陸上**」の表面の動きを宇宙からGPS（Global Positioning System）で地殻変動として調べているが、陸上の地殻変動を調べても、地震や噴火の予知さえできないほど、地震学も火山学も未完の学問なのである。それに比べて、「**海底**」の場合には、「マグマ噴出」⬇「海水温度の上昇」の関係について、陸上より一層予測が困難になる。したがって「台風・暴風・水害」と「大地震」の相関性について正確には因果関係を監視できないので、大災害が起こってからあわてふためく、そのくり返しである。

この地震学者たちがテレビ報道に登場して解説するのは、大災害が起こったあとなので、被害について無責任な解説をしてくれてもほとんど意味がないのである。これが、私が観察してきた地球科学からの警告である。

オーストラリアの森林火災を招いたインド洋ダイポールモード現象

先に述べたオーストラリアの大規模な森林火災を招いた「**海の異常**」に起因する謎めいた**インド洋**

ダイポールモード現象を考えた場合にも、地球の内部の動きに起因する可能性が高い。なぜなら、森林火災が頻発した2019~2020年にかけて、この海域のインドネシアとフィリピンで大規模な火山の噴火が続いたからである。つまり海底に、この「海域の異常」の原因を探る重要な鍵があるというのは過去1997年にダイポールモード現象が発生した時にも、翌1998年にオーストラリアのすぐ北にあるパプアニューギニアで、地震による大津波によって2000人以上という大量の死者を出している。

さらに、同じパプアニューギニアで噴火があった1994年と、同じ海域のインドネシアで噴火があった1961年にも、ダイポールモード現象が発生しているのである。

こうした一連の地震学・火山学的な事実から、地球の内部に起因する海底からの熱の噴出が、ダイポールモード現象の原因であると、私は考えている。

この森林火災で、コアラなどの動物が棲息できなくなったことが大きく報じられたが、実はオーストラリアは森林伐採面積が世界で二番目に大きいのである。そのため、火災がなくとも森林面積は急激に減少して、野生生物の棲息にとって問題になってきたので、森林火災と人工的伐採のどちらが野生動物に真の影響を与えているかについては、正確な調査が必要だと言われている。

また2020年2月9日に南極の観測史上で初めて20℃を超える20・75℃を記録し、「温暖化か」と騒がれたが、ダイポールモードは広範囲に気流の変化をもたらす現象なので、日本に一時的な暖冬をもたらしたと同じく、オーストラリアの南にある南極にダイポールモードの影響が広がることは、私が予想していた現象である。むしろ南極では、2010年にNASA(アメリカ航空宇宙局)が地球上で史上最低温度のマイナス93・2℃を記録し、ダイポールモードの影響が広がる前の2019年8月にも、南極で体感温度マイナス100℃を記録して、寒冷化の予測さえ出されているのである。何もかもCO_2温暖化に結びつけて騒ぐ人間は、冷静な思考回路を持たないという意味で、カルト的な集団だ。私がCO_2温暖化の新興宗教を批判する理由は、彼らのデマに惑わされる人類が、迫り来る大地震の脅威を忘れようとしているからなのである。

鬼界《きかい》カルデラの超巨大噴火の歴史に新事実が……

以上のように私の科学的な〝マグマ地震仮説〟は、地球上でたった一人の孤独な考え方であると思っていたのだが、そうではなかったらしい。およそ7300年前の縄文時代に、鹿児島県の薩摩《さつま》半島沖にある海底火山「鬼界《きかい》カルデラ」で超巨大噴火が起こった。この歴史上の大事件を調査している人たちが、似たような結論に達していることが2019年にMBSニュース（毎日放送）で報道されている。

神戸大学の海洋底探査センターという海底調査の専門家が、水中ロボットで水深200メートルまで「鬼界カルデラ」の海底を撮影し、音波で海底の地形を調べる最新の機器を投入したところ、「**海底から熱水が噴出している**」様子が撮影された。

そして高知大学の岡村眞《まこと》名誉教授が、鬼界カルデラの噴火で降り積もった火山灰の下に、どの津波の痕跡よりも厚い津波の跡があることを発見したのである。岡村眞先生は、私が尊敬する数少ない本物の地震学者の一人で、四国の伊方《いかた》原発の目の前に日本最大の活断層・中央構造線が存在することを実証して、伊方原発の運転に反対してきた人である。岡村氏は、調査した西日本の各地の池の多くで鬼界カルデラから出た火山灰を確認してきたが、なぜかその層のすぐ下にいつも**巨大な津波の跡**があるのを見つけてきたのだ。ということは、鬼界カルデラの噴火後、火山灰が降り積もる前に、**噴火によって引き起こされた巨大な津波が各地を襲った可能性がある**と岡村氏は推測している。つまり地震と台風の相関性という私の海底仮説と似たようなメカニズムで海底に注目した場合、海底火山の大噴火（地震）と大津波に相関性があるというのだ。

むすび

このブックレットで私が結論として言いたいのは、地球温暖化という「科学者が馬鹿にする文離滅裂」の仮説に対して、これほど数々の反証となる〝**科学的な事実**〟があるのだから、「次の大地震の脅威が日本の原子力発電所に迫っている危機」に目を注ぐべきだという当り前の話なのである。

なぜなら、2018年6月18日に、**大阪北部で内陸直下地震が起こった**。これは、大阪府で観測史上初めての震度6弱の地震であり、この震源の断層は確定できていないのである。翌7月上旬からは、**西日本の豪雨**で、岡山県・広島県・愛媛県・岐阜県などで死者・行方不明200人を超える大被害に襲われた。そしてほどなく9月に**関西を台風が直撃した**。その被害が続く真っただ中、9月6日に**北海道南部の胆振《いぶり》東部を震源とする内陸直下の大地震**が起こって、北海道民を震えあがらせた。**北海道で初めての震度7**であり、2016年の**熊本大地震**と同じ「地震で最大の揺れ」を記録したのだ。震度7の北海道厚真町《あつまちょう》では、火山噴火で形成された地層が大規模な土砂崩れを起こし、全山の山崩れで生き埋めになって36人が死亡した。そして北海道全土が1週間以上にわたって停電になる「わが国初めての域内全停電——ブラックアウト」を招き、病院や酪農家などが、深刻な被害を受けた。2019年にも**大型台風の豪雨**で大水害を招いた。

これらの大地震と豪雨・風水害の続発に、地球の内部構造に起因する関連性はないのか！いつまでも原発を動かしていてよいのか！

このブックレットでは述べなかったが、大地震が起こらなくとも、原発の末期的な大事故は明日にも起ころうとしているのである。

報道界は、温暖化という新興宗教の呪文を詐欺師と一緒に唱えている時ではない。

迫り来る真の危機に目を向け、頭を冷やして真の対策を論ずるべき時である。今後も、全世界の天変地異と悲しむべき大災害は永遠に続くであろうが、このブックレットでは、神ならぬ身で将来について予見する愚は避ける。しかし読者は、たとえいかなる事変が起ころうとも、冷静に知恵を働かせて、その原因がCO$_2$以外の何であるかを、ご自分の頭で考えていただきたい。周囲の言動に左右されないことが、最も重要である。

最後に、真の対策として、読者にどうしても呼びかけたいことがある。

日本では、大量の殺人兵器と戦闘隊員のために、毎年5兆円以上という莫大な税金を国民から徴収して、無駄に使い捨てている。しかしわが国は、このような子供だましの戦争フィクションをふりかざす前に、現実には日々の自然災害に苦しむ列島である。ならば、それに備えるため、自衛隊を全面的に自然災害の救助に備える「災害救助隊」に改組して、戦闘用の迷彩服を、明るい緑の服に着替えさせるべきだと思わないだろうか。何よりも先に、消防士やレスキュー隊員と同様、人命救助に専念できる組織に変えて、災害発生時に備えようという知恵が、なぜ、どこからも生まれないのであろうか。

2020年2月　　広瀬隆

著者　広瀬　隆（ひろせ　たかし）

1943年東京生まれ。早稲田大学理工学部卒業。

小説、原発問題、世界史、日本史など、広い分野で執筆を続ける。

著書に、『二酸化炭素温暖化説の崩壊』（集英社新書）のほか、『危険な話』『眠れない話』『最後の話』『国連の死の商人』（八月書館）『東京に原発を！』（集英社文庫）『恐怖の放射性廃棄物』（集英社文庫）『ＦＵＫＵＳＨＩＭＡ　福島原発メルトダウン』（朝日新書）など多数。

新刊に、『日本の植民地政策とわが家の歴史』（八月書館）など

地球温暖化説はＳＦ小説だった　——その驚くべき実態

発行日　2020年３月31日　第１版第１刷発行
　　　　2022年６月15日　第１版第２刷発行
著　者　広瀬　隆
発行所　株式会社八月書館
　　〒113－0033
　　東京都文京区本郷２－16－12 ストーク森山 302
　　TEL 03－3815－0672　FAX 03－3815－0642
　　郵便振替 00170－2－34062
印刷所　創栄図書印刷株式会社

ISBN978－4－909269－09－6　定価はカバーに表示してあります